산티아고 가는 길에서

유럽을 만나다

I found Europe on the road to Santiago
by Kim Hyo Sun

Published by Hangilsa Publishing Co., Ltd., Korea, 2015

일러두기

- 카미노: '길'이란 뜻의 스페인어. 이 책에서는 '카미노 데 산티아고' 즉 산티아고 가는 길을 특정 지칭한다.
- 알베르게: 순례자용 숙소(유스호스텔 같은 단체 숙소).
- 오스탈: 순례자용 숙소(1~2인용 개인 숙소).
- 페레그리노·페레그리나: 남·녀 순례자.
- 크레덴셜: 순례증명서. 이를 제시해야 순례자용 숙소에 묵을 수 있다. 각 숙소나 마을사무소에서 이 증명서에 인증도장인 세요sello를 찍어준다. 이를 산티아고에 도착해 페레그리노 오피스에 제출하면 완주증명서를 발급해준다.
- 노란색 화살표: 순례자들을 알베르게로, 나아가 산티아고로 인도하는 길 위의 화살표.
- 아윤타미엔토: 시청(혹은 면사무소). 순례자들에게 더 저렴한 숙소(맨바닥＋침낭)를 제공하기도 하고, 알베르게를 안내하거나 세요를 찍어주기도 한다.
- 도보가 아닌 교통수단을 이용해 이동한 경우에는 본문 위쪽에 이동거리를 적지 않았다.

산티아고 가는 길에서
유럽을 만나다

카미노의 여인 김효선 글·사진

한길사

김효선의 산티아고 가는 길 3부작

포르투갈 길

산티아고 가는 길에서
포르투갈을 만나다

플라타 길

산티아고 가는 길에서
이슬람을 만나다

산티아고 가는 길에서
유럽을 만나다

contents

갈리시아

아수투리아스, 칸타브리아, 바스크

장거리 도보여행은 일일 연속극과 같다

산티아고로 가는 길은 내게 꿈과 희망 그리고 삶의 열정을 지펴준 길이다. 2006년 봄 처음으로 스페인의 북부를 동에서 서로 가로지르는 프랑스 길을 걷고, 이어서 땅끝 마을 피니스테레까지 완주했다. 북쪽 해안 길은 걷기도 하고 간간히 기차를 타기도 하며 돌아보았다. 첫 책인『산티아고로 가는 길에서 유럽을 만나다』를 출판한 뒤 방송과 신문, 잡지에 수많은 인터뷰 기사가 실렸고 다양한 곳에서 강연을 하였다. 그때마다 나는 산티아고로 가는 도보여행을 나를 찾아 떠나는, 몸과 마음을 치유하는 여행으로 소개했다. 이후 많은 한국 사람이 산티아고를 찾아 도보여행을 하게 된다. 산티아고에서는 갑자기 늘어난 한국인에 관심을 갖고 인터뷰를 하게 되었고 김효선이란 이름이 자주 거론되자 한국의 스페인대사관을 통해 나를 찾아왔다. 그들과 함께 한국의 대학을 돌며 산티아고를 알리는 일을 했고 산티아고 데 콤포스텔라의 신문에도 소개되었다. 중앙 정부는 물론 이제는 지방자치단체에서도 새로운 관광자원이 된 '길' 관련 콘텐츠를 만드는 일에 자문을 구해온다. 한 권의 책으로 이렇게 다양한 곳에서 부름을 받으며 특히 중·장년을 위한 새로운 문화의 키워드로 도보여행을 소개하는 즐거움까지 맛보고 있다.

2008년 봄에는 또 다른 산티아고 가는 길인 남북으로 이어진 1,000km 비아 델 라 플라타를 다녀왔고, 그해 가을에 프랑스 길을 KPK 김필규 회

장님, 이지송 CF감독님, 사진작가 배병우 교수님과 함께 다시 한 번 완주했다. 그 결과물은 SBS에서 「풍경보다 아름다운 사람들」이란 타이틀로 방송되었다.

2009년에는 산티아고로 가는 포르투갈 길인 카미노 포르투게스 600km를 리스보아에서 출발해 완주하며 포르투갈의 정취를 맘껏 즐겼다. 2011년 가을 또다시 프랑스 길을 LS 구자열 회장님. 김훈 작가. 조선일보 취재기자, 전 국가대표 사이클 선수 몇 분과 함께 자전거로 풀코스 완주를 했다. 아쉽게도 나는 자전거를 타지 못했다. 대신 이 프로그램을 계획하고 리드하는 즐거움을 누렸다. 2012년 봄 네 번째로 지인들과 프랑스 길에 들어섰다. 생장에서 브르고스까지 걷고 돌아왔다. 언젠가 브르고스에서 산티아고까지 다시 걷는 계획을 세우면서 말이다.

산티아고 가는 길을 세 권의 책으로 내고 많은 격려를 받았다. 몇 년 후에는 이때 찍은 사진들을 모아 재원출판사에서 멋진 사진집으로 엮기도 하였다. 독자들은 책을 읽고 산티아고 길을 걸으며 매년 내게 생생한 문자를 보낸다. 한알학교 초등학생들은 선생님과 함께 산티아고를 완주했으며 가장 어린 순례자는 11세 최진우 군으로 부모님과 함께 다녀왔다. 잊을 수 없는 부부가 있다. 70세의 신정재 님은 오랜 당뇨와 합병증으로 평생 약을 드셨다. 이분의 소원은 산티아고를 다녀오는 것인데 부인 김정애 여사

님은 걱정이 돼 집에서 기다릴 수 없다며 함께 가셨다. 두 분은 약을 배낭에 가득 담고 산티아고를 두 번이나 다녀오셨고, 그 뒤『산티아고 가는 길에서 나를 만나다』를 펴냈다. 올해 75세를 맞아 세 번째로 산티아고를 가신다 한다. 아마도 한국인으로는 최고령 기록이 아닐까 싶다. 사무엘 울만은 청춘이란 인생의 어느 기간이 아니라 마음가짐을 말한다고 했다. 이분이야말로 나이와 지병에도 굴복하지 않고 늘 새로운 꿈을 꾸는 청년의 시기를 사시는 분이다. 산티아고 가는 길에서 내가 만난 최고령은 94세 독일 할아버지로 홀로 걷고 있었다. 기적 같은 분이었다.

산티아고 가는 길은 날이 갈수록 늘어나는 순례자들로 인해 숙소, 바, 레스토랑이 부쩍 늘어났다. 알베르게도 없고 황폐했던 폰세바돈에도 최신 설비를 갖춘 알베르게와 바들이 곳곳에 많이 생겼다. 산티아고로 가는 순례자들이 마치 은하수처럼 길 위에 늘어서 있으니 이정표를 따로 찾지 않아도 길을 잃지 않을 정도다. 전성기를 맞은 산티아고 가는 길은 매번 갈 때마다 알베르게 가격이 오른다. 3유로에서 5유로로 오르더니 지금은 5~7유로를 받는다. 레스토랑의 물가도 1~2유로 정도 올랐다. 그래도 유럽의 물가를 생각하면 많이 싼 편이다.

스페인의 산티아고에 이어 일본 시코쿠의 사찰순례, 스웨덴의 쿵스레덴, 미국의 GAP 트레일을 도보와 자전거로 여행했다. 여행은 스스로 만들어

가는 드라마다. 장거리 도보여행은 일일 연속극과 같다. 같은 등장인물이 매일 함께 어울리며 이야기를 엮어간다. 산티아고 가는 길은 가장 안전한 여행지다. 짐은 되도록 작게 꾸려서 메고 긍정적으로 생각하면 멋진 일일 드라마를 만들 수 있으며 몸과 마음이 치유되는 행복한 도보여행을 할 수 있다.

　　그동안 나의 요청에 의해 산티아고 가는 길 3부작을 잠시 출판정지 했다. 추천도서로 소개됐는데 책을 구하기 힘들다며 속히 재출판 되기를 바란다는 많은 메일을 받았다. 독자들의 성원에 드디어 한길사에서 다시 출판하게 되었다. 한길사 김언호 사장님과 독자 여러분께 깊은 감사를 드린다.

　　2015년 1월
　　김효선

카미노의 여인으로 거듭나다

산티아고를 가다? 산티아고 길을 가다!

유럽의 한 귀퉁이, 이베리아 반도. 다시 그 반도의 북서쪽 구석에 자리 잡은 산티아고. 그 산티아고로 가는 길이 나를 홀렸다. 나는 가톨릭 신자도 아니면서, 유럽인이 가장 즐겨 찾는 순례 성지인 스페인의 그곳으로 가지 않고는 못 배길 심정이 되고 말았다. 순례여행을 떠날 때 순례자들은 "카미노 데 산티아고Camino de Santiago 간다"고 한다. 스페인어로 카미노는 '길'이다. 지난봄, 난 기어이 그 길 위에 서서 고스란히 800여 km를 걸었다. 50일이 넘도록.

걷기에 대한 충동은 대도시에 갇혀 사는 현대인의 본능 속에 자리 잡고 있다. 도시의 반대편에 있는 자연 속으로 걷는 길이다. 서양 고전문학의 모든 주인공은 틈만 나면 숲속을 걷고, 걷고 나면 문제가 풀렸다. 버지니아 울프나 워즈워드 남매의 모든 창작은 걷기 여행의 결과물이라고 할 수 있다. 베토벤도 걸었고, 루소, 바흐, 괴테도 평생을 걸었다. 혜초의 『왕오천축국전』도 4년을 걷고 나서야 쓰여질 수 있었다. 아버지께서 두꺼비집을 내리며 책 좀 그만 읽으라고 다그치시던 소녀 시절부터 내게도 걷기는 하나의 환상이었다.

그렇게 내 안에 숨어 있던 걷기에 대한 열망은 카미노를 향한 짝사랑으로 활짝 피어났다. 관심의 시작은 베르나르 올리비에와 파울로 코엘료의 글이었다. 그래봤자, 위대한 작가들에게 큰 깨달음을 준 이 길에 대한 막연한 호기심과 더 막연한 충동만 있을 뿐이었는데, 지난 늦가을 자순 언니가 내게 보여준 한 권의 책은 내 호기심과 충동에 제대로 불을 질렀다.

브라질에 사는 언니의 친구가 산티아고 순례를 다녀왔는데, 그 친구들이 이를 기념해 책을 한 권 만들어준 것이다. 대부분 가톨릭 신자인 브라질에서는 산티아고 길 걷기가 으뜸 소원이라고 한다. 평범한 어느 언니의 목소리를 담아 짤막짤막하게 쓴 순례의 기록들은 파울로 코엘료의 영적이고 심오한 글보다, 베르나르 올리비에의 험난한 여정의 글보다 나의 마음을 빠르게 산티아고로 기울게 했다.

그 즉시 산티아고 길을 공부하기 시작했다(책 말미의 '산티아고 가는 길을 준비하며 읽은 책들' 참조). 한국에는 산티아고 가는 길에 대한 구체적인 소개서가 없었다. 뉴욕까지 가서 찾은 책들을 마치 무엇에라도 홀린 듯 겨울내내 파고들었다. 짝사랑이 스토킹 수준의 연구로 접어들었다고나 할까. 사랑하는 카미노를 만나기 위해 몸 만들기도 게을리하지 않았다. 그리하여 그곳에 가리라 마음먹은 지 7개월 뒤에 길을 떠날 수 있었다.

카미노와 만난 50여 일의 여정 동안 난 무엇보다 이 길 자체에 흠뻑 매료되었다. 지극히 평범한 어느 언니의 글을 읽고 산티아고 길에 오를 용기가 샘솟았듯, 삶의 속도에 내맡겨진 채 어느덧 중년이 되어버린 나처럼 평범한 대다수의 사람이 공감할 수 있는 이야기를 나누고 싶다.

알면 사랑한다고 했던가. 좀더 많은 사람이 이 산티아고 길을 알고 사랑에 빠지기를 나는 기대한다. 카미노에 얽힌 전설과 역사, 10대도 80대도 각자의 리듬으로 걸으며 바닥나고 망가진 자아를 재충전하는 길, 무엇보다 함께 온몸으로 카미노를 만나며 진한 우정으로 다시 걸어 나갈 힘을 채워주던 친구들 이야기를 들려주고 싶다.

낯선 곳이지만, 누구나 결심만 하면 이 길에 오를 수 있다. 무자비한 생의 질주 속에서 간절하게 느림과 여유를 꿈꾸는 이들, '어떻게 살까'의 문제에 직면하여 새로운 계획과 국면의 전환을 꾀하는 이들, 사람에 대한 관심이 시들고 무기력한 나날 속에서 새로운 용기가 필요한 모든 이에게 나는 이 낯선 길로 떠날 것을 서슴없이 권한다. 산티아고 가는 길로 떠나고자 하는 이들과 함께 난 다시 '카미노의 여인'이 되어 길 위에 설 것이다.

산티아고를 아시나요?

카미노 데 산티아고, '산티아고 가는 길'이란 뜻의 스페인 말이다. 우리나라에서 "산티아고를 아세요?"라고 물으면 대부분 칠레의 수도를 떠올린다. 하지만 내가 걸어 찾아간 곳은 유럽의 산티아고, 정확히 말해 스페인 북서부 대서양변의 산티아고다. 산티아고 데 콤포스텔라가 정식 이름이지만 대부분 줄여서 '산티아고'라 한다. 1210년의 스페인 왕국 지도에서는 '콤포스텔라'로 줄여서 표기하기도 했다.

스페인에서 산티아고는 성인 야고보를 가리킨다. 야고보는 예수의 열두 제자 중 한 사람이다. 콤포스텔라는 라틴어의 콤포스티움compostium에서 나온 말로 무덤이란 뜻이다. 즉 산티아고 데 콤포스텔라는 '성인 야고보의

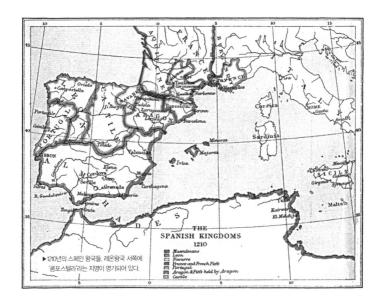

▶ 1210년의 스페인 왕국들. 레온왕국 서쪽에 '콤포스텔라'라는 지명이 명기되어 있다.

무덤이 있는 곳'을 뜻한다. 야고보의 무덤은 지금 산티아고 대성당에 있다.

또 다른 의미도 있다. 캄포스 스테야에campus stellae 즉 '별이 빛나는 들판'starry field이다. 별빛이 인도한 들판에서 야고보의 무덤이 발견되었다는 사연이 깃들어 있다. 어떻게 이곳에 야고보의 무덤이 자리 잡았는지는 알 수 없다. 그저 풍부한 전설과 기적의 이야기로 전해질 따름이다.

성서에 기록된 사실은 아주 간단하다. 갈릴리 호수를 지나던 예수가 그물을 긷던 야고보와 그의 형제 요한을 부르면서 야고보는 성서에 등장한다. 예수의 부름에 그들은 얼른 그물을 팽개치고 따라나섰고, 어찌나 열정적으로 일했던지 예수는 이 형제 사도를 '우뢰의 아들'이라 불렀을 정도다. 헤롯 왕 아그리파 1세에 의해 순교를 당한 기록이 성서에 있다(마태복음 4장, 10장; 마가복음 3장; 사도행전 12장 참조).

그러나 스페인에서 야고보의 전설은 훨씬 풍부하다. 야고보는 유럽의 서쪽 땅끝 피니스테레로 전도 여행을 떠났다가 예루살렘에 돌아와 아그리파에 의해 목이 잘리는 순교를 당한다. 서기 44년의 일이다. 야고보의 몸과 머리는 그의 추종자들이 몰래 거두어 돌로 만든 배에 실렸다. 노도 돛도 없는 그 배에는 야고보의 몸과 두 사람의 추종자뿐이었다. 그들은 오직 성령에 의지한 채 지중해 연안 요파Joppa에서 대서양의 물살을 헤치고 산티아고 인근 패드론곶까지 다다랐다. 이것이 신의 가호를 받으며 스페인

에 도착한 첫 번째 기적이다.

조개가 순례자들의 상징이 된 사연도 야고보의 전설과 얽혀 있다. 야고보의 시신을 실은 돌배가 패드론 근처에 왔을 때 말을 타고 해변을 달리던 사람에 의해 운반되었는데, 그때 물속으로 들어갔다 나온 말과 사람의 온몸에 조개가 붙어 나왔다는 데서 조개 상징이 유래한 것이다.

야고보의 시신은 해변에서 산으로 옮겨져 매장되었다. 이 과정에도 많은 전설이 깃들어 있다. 야고보의 추종자들은 야고보의 유해를 매장하기 위해 그곳 통치자인 여왕의 허락을 구했다. 그러나 이교도인 여왕은 매장을 쉽게 허락하지 않았다. 그런데 그 여왕에게 골치 아픈 일이 있었으니, 광포한 야생 소 때문에 사람들이 두려움에 떤 것이다. 여왕은 야고보의 추종자들에게 그 광포한 소를 길들여준다면 매장을 허락하겠다고 한다. 물론 성인을 알아보고 얌전해진 야생 소에 의해 야고보의 시신이 운구되어 매장되는 기적이 일어났다. 그 후 800년 동안 야고보는 잊혔다.

이슬람 vs 가톨릭, 순례의 시작

수도사 펠라요는 별이 빛나는 들판으로 이끌려갔는데 그곳에서 무덤 하나를 발견했다. 무덤의 주인공이 야고보와 그와 함께 이곳으로 온 아타나시오Atanasio와 테오도로Teodoro라고 생각한 그는 이를 로마에 보고했다.

교황청이 신중하게 검증한 뒤에 그 무덤이 야고보의 것이라고 인증되었다.

그 당시 이베리아 반도는 711년에 북상한 이슬람 세력의 치하였다. 그리스도교 세력은 북쪽 끝으로 내몰려 겨우 명맥만 유지하고 있었다. 산티아고에서 야고보의 무덤이 발견된 시점인 9세기 초엽은 레온 왕 가르시아가 국토회복운동을 시작할 무렵이었다. 로마교황청은 산티아고 데 콤포스텔라를 즉각 성지로 선포했고, 유럽의 여러 가톨릭 나라는 이베리아 반도의 이슬람화를 막는다는 명분으로 산티아고로 성지 순례를 떠나기 시작했다. 성지 순례 붐의 이면에는 이처럼 정치와 종교의 작용이 엄연했다.

이베리아 반도 북쪽의 작은 왕국과 지역교회들은 성지 순례를 활성화시키기 위해 갖은 노력을 기울였다. 외지인이 몰려듦에 따른 경제적 이익 또한 무시할 수 없었기 때문이다. 기사단의 보호 아래 순례와 상업이 함께 번성했다. 또한 가톨릭계 이민자를 불러들여 주민의 수를 늘리고자 여러 혜택을 베풀었다. 그 결과 경제는 더욱 번창했고 국토회복운동도 탄력을 받았다. 11세기 무렵 야고보는 국토회복운동의 승리를 약속해주는 국민적 수호성인으로 자리 잡기에 이른다.

이런 중세의 역사 속에서 야고보는 이슬람교도를 살육하는 전사Santiago Matamoros(무어인 살해자)로도 등장한다. 야고보가 살아 돌아와 이 사실을 알면 기절초풍할 노릇일 테지만 말이다. 예언자 마호메트에 의해 하나로

단결된 이슬람 세력이 이베리아 반도를 정복했듯이, 성인 야고보는 이베리아 반도의 여러 가톨릭 군소왕국을 단결시켜 이슬람을 몰아내는 데 결정적 구심점이 되었다.

이처럼 국토회복운동은 종교 전쟁이었다. 이슬람의 종교적·문화적 유산을 극복한다는 취지로 그리스도교 신앙이 열광적으로 육성되었고, 그 결과 교회의 거대한 영향력이 형성되었던 것이다.

산티아고 가는 길은 11세기부터 15세기까지 가장 번성하였다. 특히 12세기에는 산티아고 데 콤포스텔라가 예루살렘이나 로마에 버금가는 성지로 떠오르면서, 산티아고 길은 당시 유럽에서 가장 붐비는 도로 중 하나가 되었다. 그러나 16세기의 종교개혁과 더불어 산티아고 길은 급속히 쇠퇴했다. 스페인 내전과 침략전쟁 등도 순례자 수를 줄이는 데 영향을 끼쳤다. 20세기 중반에 이르러서는 극소수의 사람들만 이 길을 걸을 정도였다.

그러다가 1982년 교황이 산티아고를 방문했다. 1987년에는 유럽연합이 산티아고 길을 첫 번째 유럽문화유산으로 지정했다. 하긴 이 길에 나서는 이들 대부분이 스페인 사람을 빼고 나면 거의 유럽인 일색이니 유럽의 문화유산 '넘버 원'이 될 만도 하다. 1993년에는 유네스코가 지정한 세계문화유산이 된다. 스페인 북부의 산등성이와 들길은 늘 사람들로 넘쳐난다. 새로운 붐이 일어나고 있는 것이다.

프랑스 길, 나의 산티아고 가는 길

카미노에는 여러 갈래가 있다. 대표적으로 '프랑스 길'이란 뜻의 카미노 프랑세스Camino Frances와 '북쪽길'이란 뜻의 카미노 델 노르테Camino del Norte(영어로는 '노던웨이'Northern Way), 또 반도의 남쪽에서 서북으로 가는 길인 카미노 모사라베Camino Mozárabe via de la Plata가 있다.

산티아고 길은 마치 여러 지류가 하나로 모여 흘러가는 거대한 강줄기 같다. 마드리드, 로마, 파리, 암스테르담, 생 장 피드 포르, 팜플로나, 부르고스, 레온, 아스토르가 등 도처에서 흘러들어와 산티아고를 향해 면면히 흘러가기 때문이다.

카미노 프랑세스는 생장에서 산티아고까지 약 800km의 길이지만, 파리에서 시작한다면 2,100km의 대장정(베르나르 올리비에가 걸었던 길)이다. 그보다 먼 유럽의 자기 집에서부터 걷는다면 그만큼 더 걸을 테고… 대부분이 택하는 카미노가 바로 이 프랑스 길이다. 나와 같은 몇몇 순례자는 산티아고에서 반도의 서쪽 끝 피니스테레까지 87km를 더 걷고서야 여행을 마친다. (마지막 장인 5장에서 다루는 노던웨이는 여행을 마치고 돌아오는 길에 그 중 일부 구간만 걸었을 뿐이다.)

중세 시대에 프랑스 길은 매우 다양한 이들을 맞았다. 왕과 귀족, 성직자와 평민, 은둔자, 연금술사, 상인, 기사와 그의 종자들이 걷거나 말을 타

고 산티아고 길을 갔다. 대부분의 순례자는 구원을 얻기 위한 신앙심으로 걷지만, 죄인에게는 회개를 요구하는 형벌 수단으로 걷게 했다. 간혹 마을을 대표해서 마을의 소원을 담은 메시지를 갖고 산티아고 대성당으로 가는 마을 대표 순례자도 있었다. 또한 유럽의 이민자 가족과 친지들이 그들을 만나기 위해 걷기도 했을 것이다.

오늘날에도 종교적 순례의 목적으로 이 길에 나서는 사람들이 있겠지만, 대부분은 문화적인 의미로 이 길을 걷는다. 과거에는 형벌의 수단으로 걸었지만 오늘날에는 비행 청소년의 재활 프로그램으로 산티아고 길을 걷는 경우도 있다. 또 자전거 순례자에게는 무엇보다 입이 딱 벌어지는 들길과 산길 사이로 내달리는 멋진 스포츠가 되기도 한다.

산티아고 가는 길은 전설의 고향이기도 하다. 1,800여 곳의 고대와 중세 유적들은 수많은 성인의 전설과 그만큼의 오랜 역사를 말해준다. 길은 스페인 자치지역을 네 군데 통과하는데, 특히 나바라와 라리오하 지역을 지나는 길은 더할 나위 없이 환상적이다. 카스티야레온 지방의 길고 바람 많은 메세타 지대와 험한 갈리시아의 준령을 넘는 고통의 길도 있다. 고통이 있어 더 큰 경외심을 불러일으킬 만큼 웅장하고 아름다운 길이다.

멀고도 먼 대장정이지만 하루하루 보이는 진전이 있고 그에 따른 뿌듯함으로 자신감을 키우는 길이다. 대자연 속에서 나를 깊이 돌아보며 침잠

하는 시간은 그 값어치를 매기기 어렵다. 혼자 또는 여럿이서 만나고 헤어지며, 사람을 배우고 인생을 음미하는 귀한 시간들. 타박타박 온전히 몸으로만 걷고 또 걷는 길. 오로지 걷는 리듬감에 취해 단순해지는 삶을 만끽하며, 깊은 산중에서 맛있는 스페인 시골 음식을 먹고 행복하게 잠드는 길이다. 무엇보다 인내로 걸은 뒤에 얻는 성취감으로 무엇이든 해낼 것 같은 용기가 충전되는 길이다.

2007년 6월
김효선

대서양

리바데오

피니스테레

산티아고 데 콤포스텔라

트리아카스텔라

레온

아스토르가

영국

아일랜드

독일

프랑스

대서양

스위스

이탈리아

포르투갈

스페인

지중해

포르투갈

알제리

━━ 프랑스 길　　━━ 나바라, 라리오하 이동경로

비스케이 만

빌바오

프랑스

부르고스

스페인

사라고사

0   50km

Day 1~12

생장피드포르
론세스바예스
수비리
팜플로나
우테르가
푸엔테라레이나
시라우키
에스테야
로스 아르코스
비아나
로그로뇨
아소프라
나바레테
산토 도밍고 데 라 칼사다

바욘 → 생 장 피드 포르

Bayonne → st. Jean Pied de Port

처음으로 만난 순례자

　파리행 비행기에 몸을 실었을 때도 여느 여행길과 다름없이 적당한 흥분과 여유만 느껴질 따름이었다. 샤를드골 공항에 도착해 버스를 타고 파리 시내를 가로질러 몽파르나스 역으로 향할 때도 담담하기는 마찬가지였다. 그곳에서 테제베를 타고 도착한 바욘. 대서양에서 불어오는 바람이 계절의 여왕 5월을 닮았다. 비스케이 만의 대서양변 도시인 이곳은 인구 5만도 안되지만 매일 수백 명의 방문객을 맞는다. 그들 대다수는 나처럼 산티아고 가는 길을 걷고자 나선 이들이다. 피레네 산맥을 넘어 칸타브리아 산맥의 산줄기를 타고 이베리아 반도 서쪽 끝 산티아고까지, 또 그 너머 성인 야고보의 시신이 당도했던 대서양변까지, 800km의 대장정을!

　바욘의 호스텔에서 하룻밤을 보낸 뒤 나선 이른 아침 기차역에서 비로소 순례자를 만났다. 캐나다의 밴쿠버에서 온 지엔과 네덜란드에서 온 듀카. 이들은 각자 다른 곳에서 밤새 기차를 타고 바욘 역에 도착했다. 우리는 서로에게 처음 만나는 순례자다. 다들 들뜬 마음이어서였을까. 우리는 금세 한 무리로 의기투합했다.

듀카는 시력이 아주 나쁘다. 안경 쓴 눈을 똑바로 보면 두꺼운 렌즈 탓에 머리가 울렁거린다. 밝고 웃는 인상이라서 한눈에도 착하고 좋은 사람 같지만, 덩치는 원형 경기장에서 방패를 들고 철퇴를 돌리는 로마 검투사 배역이 제격일 정도다. 듀카는 이번이 두 번째 순례길이다. 2004년에는 자전거로 네덜란드에서 출발해 산티아고까지 5주 동안 달렸단다. 이번에는 바욘에서 출발해 걸어간다.

전직 교사인 지엔은 듀카만큼 큰 키에 매우 상냥한 여인이다. 밴쿠버의 중학교에서 한국 학생들을 가르치기도 했다는 지엔. 처음 듀카와 지엔을 봤을 때 부부인 줄 알았다고 말했더니, "내 남편도 배는 많이 나왔지"라고 웃으면서 너스레를 떤다.

바욘에서 생 장 피드 포르로 가는 기차 안은 마치 수학여행 떠나는 기차 안 같다. 국적도, 나이도, 인종도 제각각인 산티아고 여행자들이 벌써 두셋씩 모여 앉아 이야기꽃을 피운다. 이 기차는 아마도 부풀어 오른 가슴들의 열기로 산티아고 가는 길의 초입까지 달려갈 것이다.

순례자 증명서와 지팡이

설레는 마음으로 기차에서 내려 생 장 피드 포르의 좁고 긴 골목길을 오르면 끄트머리께 순례자협회 사무실이 나타난다. 마을 주민이기도 한 할아버지 자원봉사자 세 분이 우리를 맞아주셨다. 이곳에서 순례자 증명서를 발급받아야 한다. 이 증명서는 산티아고 가는 길 내내 요긴하게 쓰일 중요한 신분증이다. 알베르게Albergue라는 순례자 숙소에서 자려면 이 증명서가 필수이고, 거기 찍힐 알베르게의 스탬프인 세요Sello 순례자가 걸어온 길을 증명하게 된다.

산티아고 가는 길 내내 요긴하게 쓰일 순례자 증명서는 알베르게에서 자려면 필히 있어야 하고
거기 찍힌 알베르게의 스탬프는 순례자가 걸어온 길을 증명한다.

서식에 따라 국적과 나이, 직업을 적고 나니 산티아고 가는 이유를 묻는다. 종교, 문화, 스포츠, 영적인 이유, 기타 다섯 개 중 고르는데, 스포츠나 기타인 경우에는 증명서 발급이 안 되는 경우도 있다고 들었다. 나는 별 주저없이 영적인 것에 동그라미를 쳤다. 그렇지만 실제로는 막힘없이 마음껏 걷고 싶은 마음뿐이었다. 산티아고 가는 길은 나의 그런 바람을 펼치기에 최적 그 이상이고! 설문지를 제출하고 기부금 명목의 돈을 낸 뒤 증명서를 발급받았다. 순례자 증명서의 첫 번째 스탬프는 생장의 순례자 사무실이 되었다.

사무실을 나오다가 벽에 붙어 있는 게시판을 보았다. 2005년에 이 길을 다녀간 한국인은 총 14명이라는 통계가 눈길을 끈다. 일본인은 약 200명이 넘었다. 프랑스인과 독일인이 제일 많고, 네덜란드, 벨기에 등 여러 유럽 나라에서 많이 오고, 남미와 북미, 그리고 오스트레일리아, 아주 드물게 동양에서 온 기록들이 있었다.

듀카와 난 생장에서 하룻밤을 자고 아침 일찍 출발할 테지만, 지엔은 두어 시간 생장 마을을 구경하고 나서 지팡이와 먹을 것을 준비한 다음 7km 떨어진 운토로 가서 자고 다음 날 론세스바예스로 간다고 한다. 자원봉사자의 안내로 알베르게로 가서 짐을 풀고 셋이 함께 마실을 나갔다.

집에서부터 등산용 스틱 두 개를 갖고 온 듀카는 기념품 가게에서 지엔과 내가 지팡이 고르는 걸 도와주며 사용법까지 일러주었다. 키가 큰 지엔은 내 지팡이보다 길이가 긴 것으로 흠 없이 매끈한 것을 골랐다. 나는 손잡이 부분에 다람쥐 모습을 새기고, 벌레 먹어 파인 부분을 살려 해바라기 한 송이를 길게 새긴, 나뭇결 그대로인 지팡이를 택했다. 지팡이 끝에 뾰족한 쇠심을 박아 미끄러지지 않게 해놓았다. 흡족한 마음으로 지팡이를 산 후 우린 생장의 골목들을 곰딱곰딱 기웃대며 마을 구경을 했다. 걸음을 옮길 때마다 타닥타닥 경쾌한 지팡이 소리가 좁고 긴 고샅 가득 울려 퍼졌다.

마을 구경을 마친 지엔은 운토로 떠났다. 운토는 피레네 산맥을 넘어 론세스바예스로 가는 두 잿길 중 아랫길의 출발점이다. 나는 내일 전통적인 길이며, 로마인이 넘어다녔다는 높은 산등성이로 재를 넘을 것이다. 셋은 론세스바예스에서 다시 만날 것을 기약했다.

참으로 대단한 인연

지엔이 떠난 뒤 알베르게로 올라와 잠자리를 정돈했다.생 장 피드 포르 알베르게. 숙박비 5유로. 사설 알베르게도 많음. 한 방에 여덟 명이 자는 사설 알베르게다. 듀카와 같이 점심을 먹기로 했는데 그는 침낭을 펴자마자 그만 단잠에 빠졌다. 메모를 쓴 노란 포스트잇을 듀카의 배낭에 붙여 놓고 밖으로 나와 기념엽서를 샀다. 나는 이 길이 끝날 때까지 사랑하는 이들에게 내 위치와 안부를 엽서에 써서 부칠 생각이다. 이 엽서들은 비록 내 수중에 남아 있지는 않겠지만 내가 보내는 최고의 기념품이 될 것이다.

우체국에 가서 엽서를 보내고 오니, 일어나서 내 메모를 발견한 듀카가 무척 기뻐하고 있었다. 첫 기념품이라며 패스포트에 끼우는 걸 보니 내 맘도 풍요로워지는 느낌이다.

듀카와 알베르게 현관 앞 벤치에 앉아 오가는 이들을 바라보았다. 생장에서 순례를 시작하는 이들은 증명서를 받기 위해 반드시 이 골목을 지난다. 이제 갓 순례를 시작하는 이들은 신선하고 의욕에 넘치는 얼굴로 골목길을 들어선다. 간혹 새까맣게 그을린 얼굴에 땀을 흘리며 지친 모습으로 걸어 올라오는 이들도 보인다. 벨기에나 프랑스의 다른 곳에서부터 출발해 이미 두 달 정도를 길 위에서 보낸 이들이다.

185cm도 넘을 법한 키에 전사의 체격을 한 중년의 여성 순례자가 다리를 절뚝거리며 긴 골목길을 올라와 우리가 있는 알베르게 앞에 섰다. 그녀

는 네덜란드의 자기 집에서부터 걸어왔다고 한다. 이미 두 달째다. 앞으로 산티아고까지는 한 달 정도 더 걸릴 것으로 예상한다고. 며칠 전부터 발이 아파 이곳의 자원봉사자인 의사와 만나기로 예약을 했단다. 안타깝고 즐거운 시선으로 골목길의 순례자들을 구경하다 보니, 사진을 찍기 위해 잠시 들른 한국 여행자들도 만날 수 있었다.

생장의 순례자협회 사무실을 오르는 긴 골목에는 사설 알베르게가 많다. 알베르게에 짐을 푼 순례자들은 대부분 우리처럼 현관에 앉아 오가는 이들을 바라보며 도란도란 대화를 나눈다. 우리 알베르게 건너편에 앉아 대화를 나누던 사람들 중 한 명이 듀카를 알아보고 반가워했다. 키는 듀카만큼 크지만 마른 체격인 얀은 작은 얼굴에 염소수염을 길렀다. 우습지만, 인상적이다.

듀카와 얀은 자전거 순례를 하던 2004년에 처음 만났다. 그때 서로 많은 대화를 나누진 않았지만, 듀카는 당시 동료들 사이에서 별명이 '맨 인 블랙'이었기에 얀에게는 잊을 수 없는 인물이었다. 자전거를 타는 이들은 도로에서의 안전을 위해 눈에 띄는 색깔의 옷을 입어 자신의 위치를 자동차에 알리고자 하는데, 듀카는 유별나게 늘 검은 옷만 입어서 얻은 별명이라는 것이다.

듀카와 얀의 반가운 만남은 또 하나의 즐거운 화제였다. 친구 사이도 아닌 두 사람이 약속도 없이 두 번씩이나 똑같은 시점에, 한 번은 자전거로, 이번에는 걸어서 같은 길에 나섰으니 대단한 인연이지 않은가. 얀은 그의 누나 헤니와 함께였다. 헤니는 얀처럼 잿빛 눈동자를 가졌는데, 보통의 체격에 짧은 갈색 머리를 한 인상 좋은 여자였다. 중년의 오누이가 함께 걷는 산티아고 길, 아~ '축복'이란 낱말 뜻이 이와 같지 않을까.

나의 일본인 친구 유키 다카오카

유키 다카오카, 2년 전 캐나다 여행 중 핼리팩스에서 그를 만났다. 61세의 그는 일본항공사에서 정년퇴직한 후 여행을 하며 노년을 즐긴다. 여행하며 여러 나라의 사람과 사귀는 게 큰 낙이다. 그들과 메일을 주고받고, 서로의 집을 방문하고, 세계의 친구들을 고베의 자기 집으로 초대하는 걸 재미 삼으며 산다.

캐나다에서 만난 뒤 나도 유키와 메일을 주고받는 친구가 되었다. 유키는 메일을 통해 내가 산티아고 길로 떠나는 걸 알게 되었다. 올해의 여행을 스페인과 포르투갈, 영국, 프랑스의 친구를 찾아가는 것으로 계획한 유키가 오늘 생장으로 왔다. 그는 생장의 사무실에 들러 아주 쉽게 나를 찾아왔다. 흔치 않은 일본인이 더 흔치 않은 한국 여자를 찾는 것을 보고, 자원봉사자 레이몬드가 알베르게로 유키를 데려다주었기 때문이다.

알베르게의 도란도란족들은 모두 우리의 만남을 재미있어 했다. 유키도 알베르게에서 머물기 위해 순례자 증명서를 만들었다. 낯선 사람들과 대화하기를 좋아하는 그는 방금 도착했는데도 알베르게의 다른 사람들과 수다쟁이 아줌마처럼 어울린다.

갑자기 생장의 작은 골목길에 말발굽 소리가 요란하다. 고개를 돌리니 검은 반점이 수두룩한 회색 말과 밝은 갈색 말을 타고 남녀가 멋지게 입장하고 있었다. 골목길의 도란도란족 모두가 일제히 탄성을 지르며 카메라 셔터를 눌러댔다. 말발굽 소리의 경쾌한 리듬, 우아하게 흔들리는 두 말의 엉덩이, 그들은 그렇게 느리게 골목길을 빠져나갔다.

생 장 피드 포르 → 론세스바예스(26km)

st. Jean Pied de Port → Roncesvalles

로마인의 길, 비아 트라이아나

드디어 산티아고 가는 길에 들어서는 첫걸음을 딛는다! 카미노 프랑세스, 즉 '프랑스 길'은 프랑스의 국경도시 생 장 피드 포르에서 출발해 최종 목적지 산티아고까지 길게 길게 서쪽으로 뻗은 길로서, 여러 산티아고 길 중에서도 대표적인 루트다.

이곳 프랑스의 생 장 피드 포르에서 피레네 산맥을 넘어 스페인 론세스바예스까지는 28km. 오늘 넘을 잿길은 2,000여 년 전부터 가장 쉽게 스페인으로 들어서는 길이었다. 그래서 수많은 밀수꾼이 넘나들던 길이기도 했고, 제2차 세계대전 중 나치 게슈타포를 피해 피레네를 넘던 '도시 산보의 달인' 발터 벤야민Walter Benjamin이 절망하여 자살한 길이기도 하다. 이 길은 또한 로마제국이 건설한 비아 트라이아나Via Traiana의 일부다. 로마인은 길을 만들 때 당시 통치자의 이름을 붙이곤 했는데, 비아 트라이아나에는 스페인 태생의 황제 트라이아누스의 이름을 붙였다.

비아 트라이아나는 금광지대인 스페인 레온 지방의 아스토르가에서 프랑스 보르도까지 연결되었다. '모든 길은 로마로 통한다'는 말은 모든 물자를 로마가 수탈했다는 뜻이기도 하다. 비아 트라이아나 또한 이베리아 반도의 금, 도자기, 밀을 로마로 운송하기 위한 길이었다. 로마제국기에 건설된 도로의 길이는 총 8만 5,300km였는데, 그중 보르도에서 아스토르가까지 761km에 이르는 로마인의 길을 따라 산티아고행 순례길이 펼쳐지는 것이다.

이베리아 반도는 켈트족과 로마인, 서고트족과 무슬림 등 외부의 끊임없는 정복과 이주의 역사가 아로새겨진 무대였다. 비아 트라이아나 곳곳을 수놓은 고대와 중세의 역사 현장에 대한 호기심이 앞서다 보니 낯선 길로 훌쩍 걸어들어가는 두려움 따위는 벌써 뒷전이다.

피레네 산맥을 넘는 코스는 두 가지다. 높은 산등성이를 걷는 길과 좀 낮은 산잔등으로 오르는 길인데, 대부분 낮은 쪽으로 넘기 마련이지만 난 로마인이 넘던 높은 산등성이를 택했다. 새벽 6시, 알베르게를 나와 유키와 함께 걷기 시작했다. 어떤 이들은 우리보다 먼저 출발했고, 낮은 코스를 택한 듀카는 아직 잠들어 있다.

신새벽에 시작하는 산티아고 길. 밤빛을 채 떨치지 못한 좁은 새벽길을 따라 신선한 지팡이 소리를 즐기며 걸었다. 그러다 문득 아직 곤히 잠든 골목길에게 미안해져 지팡이를 살며시 겨드랑이에 끼고 빠져나왔다.

마을을 뒤로하고 들길로 접어드니 꽃향기 머금은 촉촉한 공기가 내 가슴을 속속들이 물들인다. 다시 지팡이를 짚으니 돌길에 부딪히는 틱탁 소리가 한결 더 맑게 산자락의 대기 속으로 구른다.

눈물을 떨구며 프랑스에서 스페인으로

생장의 고도는 해발 200m. 거기서 출발해 1,410m의 아득한 산마루를 넘어 950m에 위치한 론세스바예스까지 걸어야 한다. 그러니 오늘은 계속

캐나다 여행 중에 만난 나의 일본인 친구 유키 다카오카는 일본 항공사에서 정년퇴직한 후
여행을 하며 노년을 즐긴다.

올라가야 하는 길이다. 배낭 전용이 아니어서 바퀴까지 달린 무거운 가방을 짊어진 유키의 작은 체구는 더 왜소해 보인다. 가파른 경사를 만날 때마다 유키는 힘들어 자주 주저앉았고, 난 그를 위해 걸음을 멈추고 기다려야 했다. 그러자니 걷는 리듬이 자꾸 토막난다.

새벽에 맑았던 날씨가 갑자기 흐려지며 금세 어두워져 숲속은 이내 아지랑이처럼 피어오르는 는개로 하얗게 덮였다. 가던 길을 멈추고 판초를 꺼내 입었다. 유키도 우산을 꺼내 잠시 쉬는데 판초를 입은 듀카가 걸어온다. 나를 보자 휘파람을 불어 반가움을 표시한다. 그 휘파람 소리는 생장의 지팡이 가게에서 손님이 가게를 드나들 때마다 입구에서 나던 새소리를 흉내 낸 것이다.

"듀카! 넌 얀과 헤니랑 아랫길로 간다고 했잖아." "하이 킴, 킴, 키미! 유키! 히하! 오늘 비가 온다는 소리를 들었지. 비 오면 숲 속에서 아무것도 볼 수 없어. 아랫길은 이곳보다 시간이 좀더 걸리잖아. 얀은 나보다 일찍 떠났고, 그래서 이곳으로 왔지." 내 이름을 '킴, 킴, 키미!'로 바꿔놓는 그의 익살은 언제 들어도 유쾌하다.

안개비 자욱한 숲길을 듀카가 앞장서서 걸어갔다. 얕은 시냇물이 흐르는 소리, 음색이 다양한 새소리, 나뭇잎에 고인 빗물이 후두둑 떨어지는 소리, 새들이 나뭇가지에 앉았다 날아가는 소리, 풀숲을 스치며 지나는 작은 산짐승들의 소리, 나의 외지팡이 소리, 내 것과는 또 다른 듀카의 둔탁한 쌍지팡이 소리.

이 모든 소리가 어우러져 멋진 교향곡을 연출한다. 이 숲의 연주는, 이를테면, 슈베르트의 「미완성 교향곡」이나 말러의 「교향곡 5번」심포니 4악장 아다지에토 같은 분위기다. 문득 이 곡들을 내게 선사한 친구 생각이 빽빽한 안개처럼 시큰 밀려든다.

뿌얀 대기 아래로 숲은 온통 여린 녹색이다. 곳곳에 숨은 듯 드러나는 노란 빛깔들은 숲을 수놓은 영롱한 보석 같다. 하지만 좀더 유심히 들여다 보면 풀숲 속에는 함빡 젖은 들꽃이 지천이다. 숲의 교향곡, 물빛 머금은 색의 향연, 친구 생각으로 시작된 뜬금없는 향수, 대낮의 어두운 숲속 외줄기 순례길은 그닥 외롭지 않다. 아니, 외롭기는커녕 넉넉해지는 마음 덕분에 짐짓 풍요롭기까지 하다.

끊어질 듯 이어지는 오르막의 산길. 키다리 듀카는 성큼성큼 앞서 가 버렸고, 유키는 무거운 가방에 짓눌려 더디 오르기에 나의 시야에서 사라졌다. 나와 함께 잠시나마도 산티아고를 경험해보겠다고 이곳으로 온 유키. 이 숲 속에서 그를 돌보아야 할 사람은 나밖에 없다.

할 수 없이 내 배낭을 벗어놓고 도로 내려가 보니 유키가 가방에 기대 누워 숨을 헐떡인다. 치받이 비탈길에 지쳐 탈진 상태다. 그렇다고 계속 여기 있을 수도 없는 일. 결국 20kg이 족히 넘을 유키의 바퀴 달린 여행 가방을 내가 메고 일어섰다. 유키는 미안해했지만 이 상황에 그 역시 어쩔 수 없었다. 그는 간신히 일어나 걷기 시작했고 난 배낭의 무게에 짓눌려 허리도 펴지 못하고 겨우 걸으며 올라갔다.

'그래! 태산이 높다 하되 하늘 아래 뫼일 뿐. 한 걸음씩 가면 이 산을 넘겠지.' 그렇게 스스로를 달랠 수밖에. 세 차례나 산등성이를 올라 내 배낭을 놓고 되돌아 내려가 유키 가방을 메고 다시 오르는 일을 반복했다. 오를수록 오르막은 더 자지러지게 급해졌다. 나도 무거운 배낭을 멘 채로 풀밭에 여러 차례 쓰러져 쉬어야 했다.

유키는 나의 가족도 아니고 친한 친구도 아니다. 그저 여행지에서 만난 사람이고 그와 주고받은 메일로 여행 정보와 사는 얘기를 나누는 그런 사이일 뿐이다. 그런 그가 나의 여행 계획에 맞춰 여행 스케줄을 바꿨는데 어쩌다 보니 비 내리는 깊은 산중에서 그의 처지를 나 몰라라 하고 내뺄 수 없는 상황이 되어버렸다. 내 컨디션에 맞는 리듬으로 조절하며 혼자 걸었다면 이다지 힘들지는 않았을 것이다. 유키의 배낭을 메고 오르는 피레네의 깊은 산길. 나는 그렇게 산티아고 가는 길 첫날부터 길 위에서 눈물을 흘려야 했다.

짙은 안개비는 내가 보고자 했던 기념비들조차 볼 수 없게 했다. 나의 도우미 지팡이는 걸을 수 없는 유키의 손에 있다. 그렇게 힘들게 마지막 오르막길을 넘어서며, 내심 '이제 한숨 돌리겠구나' 싶었지만, 웬걸, 내리막길도 만만치 않다. 가방 없이 걸어서 조금 힘을 회복한 유키는 내리막길에 접어들 무렵 자기 가방을 메고 걸었다. 겨우겨우 걸음만 떼는 수준이긴 하지만 지금의 나로서는 그보다 고마운 일이 또 있으랴.

다시 유키의 가방을 짊어져야 하지 않을까 하는 걱정이 들 무렵 론세스바예스 마을이 보이기 시작한다. 절로 왈칵 눈물이 흐른다. 오로지, 유키의 무거운 배낭에서 벗어날 수 있다는 것이 반가워서 흐르는 눈물이다. "유키, 내가 먼저 내려갈게요. 가서 배낭을 내려놓고 다시 되돌아올게요. 그때까지 천천히 내려와요." 유키는 내게 말할 수 없이 미안해하면서도, 나의 그런 제안을 받아들인다. 난 부지런히 론세스바예스 알베르게를 향해 걸었다.

론세스바예스의 알베르게는 수도원에서 운영하는 곳이다. **론세스바예스 알베르게. 숙박비 5유로. 침대 수 105, 80 두 군데.** 론세스바예스는 산티아고로 가는 스페인의 대문과 같은 곳이다. 그래서인지 프랑스의 생장에서 기록했던 설문지와 똑같은 질문지를 작성하는 절차를 밟아야 했다. 그리고 숙박비 5유로를 받는다. 순례자들도 많아서 절차를 밟는 데 시간이 오래 걸렸다.

생 장 피드 포르를 거쳐 피레네의 산길을 걸어서 넘어온 이들보다 론세스바예스에서 시작하는 순례자들이 더 많다. 산맥의 준령을 넘는 힘든 과정을 피하고 싶기 때문이다. 제법 시간이 걸렸나 보다. 어느새 유키가 절뚝거리며 사무실 쪽으로 걸어오고 있으니 말이다. 가여운 마음과 더불어, 내가 짐을 지러 되돌아가지 않아도 된다는 것이 반가워 진정 환영하는 마음으로 그를 맞았다.

롤랑의 노래가 들리는 곳

론세스바예스 알베르게의 자원봉사자인 '호스피탈레로'는 온통 네덜란드 사람이다. 네덜란드순례자협회에 신청을 해야만 그곳에서 봉사 활동을 할 수 있다. 그들은 무척 친절했는데, 특히 바스크인 모자를 쓴 후란즈 존 유디오가 큰 인기였다. 유머 감각도 뛰어나지만, 바스크 베레모를 쓴 모습이 워낙 멋있기 때문에 함께 사진 찍는 모델로 더 바쁘다.

100여 명을 수용하는 큰 강당에 들어서니 자원봉사자들이 베개를 나눠 주며 침대를 배정해주었다. 듀카와 지엔, 얀과 헤니 또 유키와 내가 가까이 배정받았다. 모두들 부지런히 짐을 풀어 잠자리를 정리하고 샤워를 한다. 그리고 발을 살핀다. 유키의 발바닥에 작은 물집이 생겼다. 내가 그의 물집을 손보아야 했다. 바늘에 실을 꿰어 물집에 통과시킨 후 바늘을 빼고 실을 남겨둬 실을 통해 고인 물이 밖으로 흐르도록 했다.

가까운 바에서 저녁을 기다리는 사이, 모두들 술 한 잔으로 목을 축이며 지나온 길과 나아갈 길에 대해 즐겁게 대화를 나눈다. 유키는 자신이 고통스럽게 걸어왔으며 내가 세 번씩이나 되돌아와 자신의 가방을 짊어지고 갔다는 얘기를 친구들에게 했다. 그들은 대단하다는 듯 또는 바보 같아 기막히다는 듯 나를 바라보았다. "유키! 내일도 걸을 생각이면 가방을 택시로 배달시켜요." 지엔이 좋은 아이디어를 얘기하자 유키도 좋다고 한다. 발바닥에 물집이 있음에도 걷겠다는 것이다.

유키의 가방이 걱정이었던 나는 그 얘기를 듣고 마음이 편해졌다. 그제

중세 기사문학 작품으로 영국에 『아서 왕 이야기』, 독일에 『니벨룽겐의 반지』가 있다면
프랑스에는 『롤랑의 노래』가 있다. 『롤랑의 노래』의 역사적 사건이 일어났던 장소가
바로 이곳 론세스바예스다.

야 론세스바예스의 중요한 역사적 사건이 생각났다. 중세 기사문학 작품 중에 가장 유명한 것으로 영국의 『아서왕 이야기』와 독일의 『니벨룽겐의 반지』를 꼽을 수 있다. 그에 비견할 수 있는 것으로 프랑스에는 『롤랑의 노래』가 있다. 이 세 작품은 영화, 오페라, 만화 등으로 만들어져 세계에 널리 알려졌다. 유럽 어린이들도 이런 미화된 영웅담을 보고 들으며 자란다. 나 역시 어린 시절 만화영화를 통해, 또 커서는 오페라와 영화로도 익히 보았던 터라 낯설지 않다.

『롤랑의 노래』가 묘사하는 역사 속의 사건이 실제로 일어났던 장소가 바로 이곳 론세스바예스다. 역사적 기록에는 778년 8월 15일로 되어 있다. 간단한 내용은 이렇다. 프랑크 왕국의 황제 샤를마뉴가 이베리아 반도로 진출한 이슬람의 사라센 제국과 전쟁을 벌일 때다. 당시 샤를마뉴는 승승장구하였지만, 사라센 제국이 화친을 요청하자 샤를마뉴도 반도 전체를 일거에 평정하기에는 무리가 있다고 판단하여 그 화친 제의를 수용하려 한다.

이때 사라센 제국의 왕에게 매수당한 가르롱과 화친을 반대하는 롤랑이 대립한다. 롤랑은 샤를마뉴의 조카이자 12명의 기사단 팔라딘paladin 중 최고의 기사다. 샤를마뉴는 명검 뒤랑달을 선물할 정도로 롤랑을 특별하게 대했다.

가르롱은 자신에게 반대하는 롤랑을 제거하기 위해 사라센 왕과 계략을 짠다. 가르롱은 샤를마뉴에게 회군 시 안전을 위해 용감한 전사로 후위대를 남길 것을 제안한다. 그 지휘관으로 롤랑을 지목하게 되며, 12명의 팔라딘도 롤랑과 함께하게 된다. 샤를마뉴는 롤랑에게 뿔나팔을 주며 만약의 경우 이를 불어 위급함을 알리면 롤랑을 위해 즉각 달려올 것이라고 한 뒤 프랑크 왕국으로 회군했다.

가르롱의 계략에 휘말린 2만의 후위대는 피레네의 좁은 협곡에서 사라센 10만 대군의 기습을 받게 된다. 팔라딘 중 한 명인 롤랑의 절친한 친구 올리비에는 뿔나팔을 불어 도움을 청할 것을 거듭 제안했지만 롤랑은 위급한 상황이 아니라며 명검 뒤랑달을 치켜세웠다.

그러나 중과부적. 롤랑은 전멸하고 있는 병사들을 보며 자신의 무모한 용기와 자존심으로 고집을 부린 것을 후회하며 마지막 혼신의 힘을 다해 뿔나팔을 불고는 적진 깊숙이 진격해 장렬히 전사한다.

한편 피레네 산맥을 넘던 샤를마뉴는 어렴풋이 뿔나팔 소리를 듣고 급히 본대를 돌려 롤랑에게 달려갔으나, 그의 눈앞에 펼쳐진 것은 2만의 군사와 열두 팔라딘의 시체였다. 그는 이 모든 것이 가르롱의 계략임을 알고 그를 처형한 뒤 사라센 제국을 멸망시켰다.

『롤랑의 노래』는 11세기 들어 역사적 사건에 작가의 예술적 상상력을 버무려 롤랑의 전설을 미화시킨 영웅적 서사시로 엮어낸 작품이다. 작품의 영향인지는 모르겠지만 12세기 이후 유럽 곳곳의 순례자들이 이곳을 찾는 붐이 일어났다고 한다. 지금 이 알베르게에 100여 명의 순례자들이 잠들어 있지만 17세기에도 연간 2만 5,000명의 순례자가 다녀갔다고 한다.

아! 내게 너무 힘든 첫날! 피레네를 넘어온 순례자들이 고단한 몸을 누인 론세스바예스의 알베르게, 롤랑의 뿔나팔 소리가 가뭇없이 사라져간 자리에 그저 코 고는 소리만 부산하다. 드디어 카미노에 올라 맞이하는 나의 첫날밤은 이렇게 잘도 깊어간다.

론세스바예스 → 수비리(21km)

Roncesvalles → Zubiri

배낭에 날개를 달아라

뜨거운 햇빛을 피해서 걷기 위해 이른 새벽인데도 많은 사람이 길을 나섰다. 론세스바예스 마을의 집들 벽은 한결같이 하얗다. 그래서 동트기 전의 마을 골목도 그리 어둡지 않다. 오늘의 행선지는 수비리. 나아갈 목표가 뚜렷하고, 걷다 보면 가시적인 진전이 있고, 그날의 목적지에 도달했을 때 성취감이 생기는 것이 행복하다. 생장에서 이곳으로 올 때 그 첫 목표를 이룬 행복감이 참으로 컸다. 그래서 이 어두운 새벽길에 발걸음을 떼는 일도 즐겁다.

아침 식사를 거른지라 제일 먼저 보이는 바에서 아침을 먹자는 누군가의 제안에 모두 찬성했다. 아직 문을 열지 않은 바들을 연신 지나치며 얼마간 걸었을 때 앞서 가던 일행이 길모퉁이에서 크게 손을 흔든다. 열려 있는 바를 발견한 것이다.

바 안은 벌써 식사를 하고 떠나는 이들과 방금 도착해 아침을 먹는 이들로 북적거린다. 밝은 얼굴로 대화를 나누는 모습에 활기가 넘친다. 마침 듀카 일행도 그곳에 있었다. 서로 격려의 말을 나누며 즐겁게 아침을 먹었다. 식사를 마치고 바 문을 열고 나오자 어느새 싱그러운 아침의 기운이 뽀얀 골목 안에 가득하다. 수비리를 향해 걷는 유쾌하고 상쾌한 아침! 배낭에 날개라도 달린 듯, 걸음마다 즐거움에 짐짓 들썩거린다.

올라! 아디오스! 그라시아스!

마을을 벗어나면 곧장 숲길로 들어선다. 숲길 입구에 노란색 화살표와 조개가 그려진 작은 나무 이정표가 세워져 있다. 나뭇가지가 온통 하늘을 덮어 마치 터널 같은 숲길은 몸을 구붓 숙여야 들어갈 만큼 나지막하다. 좁은 오솔길을 따라 걷는데 갑자기 푸른 하늘이 시원하게 눈앞에 펼쳐진다. 더 나아갔다간 홀연 천 길 낭떠러지가 나타나지나 않을까 걱정될 정도로 풍경이 멋지다.

그림처럼 아름다운 소로들이 끝없이 이어지는 길을 앞서거니 뒤서거니 순례자들이 걷는다. 누가 그렇게 하자고 한 것도 아닌데 마치 암묵적인 약속처럼 모두들 스페인어로 인사를 나눈다. 서로 만날 때면, "올라!" 먼저 떠나게 되면, "아디오스!" 어쩌다 한두 번 "봉주르"나 "차오"가 들리는 것을 빼면 거의 모든 인사말은 "올라"와 "아디오스"다.

감사의 표현도 스페인어로 한다. 바에서나 알베르게에서나 순례자들끼리 무엇인가 주고받을 때에도 "그라시아스!" 나는 이 스페인 표현들이 맘에 쏙 든다. 세계 곳곳에서 모인 많은 이가 자국 언어를 고집하며 서로 다른 인사를 주고받는다면, 이 길 위에 이토록 애틋한 친밀감이나 마음속의 평화로운 연합도 없을 것이다. 작은 말 몇 마디를 공유하면서 큰 연대감을 쌓는 일, 산티아고 길의 큰 즐거움이다.

둘이 나란히 걷기엔 넉넉지 않은 숲길이 이어진다. 모두 한 줄로 서서 그 언덕길을 올라가는 모습이 마치 극기 훈련을 온 청소년들 같다. 언덕 위에서서 "올라! 여러분. 자~ 웃어주세요. 사진 찍어요"라고 하면 모두 웃으며 응해주었다. 작은 개울을 지나는데 프랑스 아가씨가 철퍼덕 주저앉아담배를 문 채 물집이 생긴 발에 밴드를 붙이고 있다. 물집을 걱정해주며 기념사진 한 장 찍어도 되냐고 묻자 그녀는 웃으며 흔쾌히 포즈를 취한다.

베르나르 올리비에처럼? 저마다의 방법으로!

한 이탈리아 남자가 손수 제작한 두 바퀴 수레를 허리에 묶고 배낭을 실은채 걸어간다. 『나는 걷는다』의 저자 베르나르 올리비에가 이스탄불에서 시안까지 약 1,769km의 실크로드를 걸을 때 사용한 수레를 떠올리게 하는 모습이다. 베르나르 올리비에는 그 먼 여행을 하기 전에 먼저 산티아고 가는 길을걸었다. 수레를 끄는 남자는 익숙하지 않은 탓인지 몰라도 무척 위태로워 보인다. 오르막과 내리막이 끊임없이 있고 돌길과 작은 내를 건너는 징검다리,요리조리 피해가며 걸어야 할 숲길도 있는데 그럴 때마다 바퀴 달린 수레는불편하기 이를 데 없다. 차라리 배낭이 낫겠다는 게 모두의 한결같은 평가다.

숲 속에서는 길을 가다 낮잠을 자거나 쉬면서 독서삼매경에 빠진 이들을 간간이 볼 수 있다. 산 아래로 마을이 내려다보이는 소나무 밑에서 한남자가 책을 보며 앉아 있다. 아이보리 중절모가 잘 어울리는 키 크고 마른 그는 오스트리아 출신 볼프강이다. 볼프강은 오스트리아의 '철수'인듯. 볼프강 아마데우스 모차르트의 영향인지 몰라도 굉장히 흔한 이름이다. 그는 이렇게 쉬면서 책을 보고 잠깐 잠을 자는 것을 하루의 일정에 포함시켰다고 한다. 늦게 도착해 알베르게에서 침대를 배정받지 못해도 이과정을 빼지 않을 것이라고 못 박듯 단언한다. 꼭 지켜야 할 규칙처럼 완강하게 얘기하지만 않았어도 대단히 낭만적이라고 끄덕거렸을 텐데. 그의

순례 중 숨진 일본인 야마시타 신고의 무덤.
먼 길을 찾아와 숨진 이들의 추모비가 길 곳곳에 세워져 있다.

낭만을 감탄하기 전에 오스트리아인 특유의 딱딱함이 먼저 느껴진다. 수레를 끄는 남자도, 길에서 반드시 책을 읽고 잠을 자겠다는 남자도 모두 저마다의 방법으로 산티아고를 향해 나아간다.

숲 속에서 나타난 마차와 순례자 무덤

둘이 함께 걸으면 딱 좋을 폭의 숲길. 곱이곱이 휘어진데다 가끔 손으로 나뭇가지를 거둬가며 걸어야 하는 길이다. 그 평화로운 길에서 목격할 수 있는 놀라운 광경이 과연 몇이나 될까. 갑자기 뒤에서 소란스러운 소리가 들리며 환호성이 울린다. 네 필의 말이 끄는 마차가 달려오는 것이다. 한가롭게 걷던 이들은 망나니들처럼 내달리는 그들의 등장에 그야말로 대경실색이다. 급히 카메라를 들어 사진을 찍자마자 그들은 환호성을 지르며 손을 흔들고 이내 사라져간다. 흡사 숲 속 파티에 초대받은 개구쟁이 요정들 같다. 아마 사진을 찍지 않았다면 "아니 어떻게 그런 길에서 네 필의 말이 끄는 수레가 달릴 수 있어?"라고 반문했을 것이다. 그들이 사라진 숲길은 아무 일도 없었던 듯 다시 고요하다.

길가에 마른 통나무와 잔나뭇가지, 돌로 치장한 순례자의 무덤이 나타났다. 2002년 64세의 나이로 숨진 일본인 야마시타 신고의 무덤이다. 출발한 지 이틀이나 사흘쯤 거리에서 그는 횡사한 것이다. 안타까웠다. 유키는 주변에 있던 돌을 주워 얹고 묵념을 올린다. 산티아고 가는 길에 죽음을 맞이하는 순례자는 그곳 관할 교회에서 무료로 장례를 치러준다. 순례를 하다 숨을 거둬 비록 육체는 이렇게 낯선 객지의 길가에 묻혀도 영혼은 저 하늘의 좋은 곳으로 가리라.

앞에서 여자 둘이 순례자들과 반대로 걸어오는 것이 보였다. "산티아고에서 오는 길이에요." 그 두 여자는 유난히 깔깔 웃으며 프랑스어로 말했다.

왜 반대쪽으로 걷는 건지 이해할 수는 없지만, 서로 엇갈려 각자의 길을 걷는다. (이해할 수 없는 이유는 이틀 뒤에 다시 언급하겠다!)

유키의 표정이 눈에 띄게 어둡다. 내리막길에서는 아예 걷지도 못할 정도로 아파한다. 가방을 택시로 미리 보내 홀가분한 차림이지만, 아마도 물집이 커졌나 보다. 내 지팡이는 또다시 그의 손에 쥐어졌고, 나의 걷는 리듬을 그에게 맞춰가며 돌봐야 했다. 나무 그늘에 앉아 쉬던 헤니와 얀이 내게 초콜릿을 건네며 유키를 걱정한다. 그들은 유키가 준비가 안 되어 있으니 얼른 그만두는 게 좋겠다고 권한다. 나 역시 그가 다른 여행을 위해서라도 그만두어야 한다고 생각하지만, 마지막 결정은 오로지 유키 스스로의 몫이다.

얀이 누나인 헤니를 보살피는 것을 자주 보았다. 오누이 사이라지만 그래도 고난의 순례길에서 기다리고 챙겨주기란 결코 쉬운 일이 아니다. 내가 유키를 도와 피레네를 넘은 것은 도저히 어쩔 수 없는 상황이었기 때문이다. 유키의 무거운 가방을 나른 탓에 간밤에는 허리의 통증이 심해서 반듯하게 펼 수조차 없었다. 평소 무릎도 그다지 좋은 편이 아니라 내리막길 걷는 것이 오르막길보다 더 힘들었다. 그러나 오르막길이 있으면 반드시 내리막길이 있었다. 그리고 다시 오르막길이 이어진다. 순례자의 여정이며, 동시에 인생의 법칙이다.

물집 전문 의사

수비리에 도착했다. 두 개의 알베르게가 있는데 순례길에서 가까운 곳은 이미 침대가 없었다. 수비리 알베르게. 숙박비 5유로. 침대 수 46, 16 두 군데. 걸어서 약간 먼 곳의 알베르게로 가야 했다. 알베르게에 도착하자마자 가장 먼저 유키의 물집부터 확인했다.

유키의 물집은 굉장히 크고 피까지 맺혀 검붉은 빛이다. 소독한 바늘과

실로 물집을 치료하기 시작했다. 긴 시간의 치료 끝에 알코올 솜으로 소독한 후 연고를 바르고 물집전용 밴드를 붙였다. 여러 개의 물집에서 조심스럽게 물을 빼내느라 시간이 제법 오래 걸렸다.

쉬고 있던 다른 순례자들이 하나둘 모여 내 작업을 흥미롭게 바라보았다. 치료가 끝나자 모두들 대단히 잘한다며 내 어깨를 토닥여준다. 그러자 헤니가 장난기 가득한 목소리로 나를 소개했다. "킴은 닥터야. 물집 전문 닥터. 그러나 면허는 없지." 순례자들은 알베르게에 도착하면 샤워 후에 발을 살피고 보호 테이프를 꼼꼼히 붙인다. 그렇게 노력을 하지만 작든 크든 물집이 생긴다. 다행스럽게도 내 발은 아직 괜찮지만.

대여섯이 함께 어울린 식사 시간. 얀은 새로 개업한 물집 전문 의사 킴을 위해 맥주를 샀다. 식사를 하며 헤니가 유키에게 내일 버스를 타고 가는 것이 어떠냐고 묻는다. 유키는 그러겠노라 끄덕이며, 이제 산티아고 체험을 그만둬야겠다고 한다. 내일 버스를 타고 팜플로나로 가서 그곳에서 하루를 묵고 레온과 산티아고를 거쳐 포르투갈로 간다는 것이다. 내심 가슴을 쓸어내리는 나에게 얀과 헤니가 윙크를 날린다. 결정을 내릴 때는 늘 신중해야 하지만 여행에서는 특히나 더욱 그렇다. 자기 자신뿐만 아니라 주변 사람들에게도 큰 영향을 주기 때문이다. 유키의 결정은 우리의 마음을 한결 가볍게 해주었다. 우리는 서로 웃음을 주고받았다.

Day 4

수비리 → 팜플로나(20Km)

Zubiri → Pamplona

각자의 리듬으로 걷기

다리도 아프지만 허리가 아파 제대로 잠을 이루지 못했더니, 아침이 되어 얀과 헤니가 나갈 준비를 하는데도 누운 채로 그들을 그냥 바라볼 수밖에 없다. 자리를 떨치고 일어나는 게 이토록 힘들 줄이야. 헤니는 곧 만나자는 말을 하며 길을 나선다. 지엔도 일어나 준비를 시작했다. 나만 처지는 것 같아 어렵사리 몸을 추스려 가까스로 자리에서 일어났다. 움직일 때마다 저절로 신음소리가 났다. 유키는 자기 탓이라고 미안해했다.

유키는 이곳에 남았다가 버스를 타고 팜플로나로 갈 것이다. 유키의 배웅을 받으며 지엔과 함께 길을 나섰다. 옅은 새벽하늘 서쪽으로 둥근 달이 꿈꾸듯이 흐릿하다. 저 달이 지는 모습을 바라보며 나는 서쪽으로 걷는다. 새벽녘 숲길의 아름다움은 허리 통증마저 잊게 해준다. 숨을 들이마실 때마다 들꽃 향기가 온몸으로 퍼진다. 진정한 아로마테라피! 자연을 몸으로 만끽하는 순간이야말로 지친 여정을 어루만져주는 치료제이자 원동력이 된다. 걸을 수 있다는 것, 진정 감사드릴 일이다.

지엔과 나는 배가 몹시 고팠지만 먹을 것이라곤 물밖에 없는 처지다. 어제가 일요일이라서 아무것도 살 수가 없었던 탓이다. 문을 연 바를 고대하며 걸었다. 지엔의 발걸음은 나보다도 반걸음은 컸다. 훨씬 키가 큰데다가 내가 무척이나 지친 상태니…. 나는 망설일 필요도 없이 지난 이틀간 깨달은 것을 지엔에게 털어놓았다.

"지엔, 난 겨우 사흘째 걷고 있지만, 자신의 컨디션에 따라 걷는 리듬을 유지하는 게 얼마나 중요한지 알게 되었어. 난 우리 각자의 걷는 리듬을 유지하는 게 좋다고 생각해. 그러니까 나 때문에 리듬을 깨트리지 말고 지엔의 리듬으로 걸었으면 좋겠어. 그리고 나중에 바에서 만나 함께 밥 먹으면 어떨까?" 지엔은 가던 걸음을 멈추고 내게로 돌아와 나를 꼭 안아주며 따뜻한 목소리로 대답했다. "고마워 킴! 너 멋진 깨달음을 얻었구나. 나도 다음에 다른 사람을 위해 그렇게 말해줄 테야." 지엔과 나는 그렇게 흔쾌히 헤어졌다. 각자의 리듬을 따라….

토요일에는 비상식량을

어찌나 배가 고픈지 자갈 구르는 소리가 뱃속 가득 요란하다. 몸이 땅바닥에 붙을 지경으로 오직 배고프다는 생각만 하면서 대략 10km는 걸었다. 지엔과 만나 바에서 식사를 하기로 했는데 지엔도 바도 보이질 않는다. 그때 길가의 모퉁이에 앉아 쉬고 있는 커플과 마주쳤다.

난 배가 고파 죽겠다고 말하며 그들 옆에 주저앉았다. 염치없게도 뱃속이 또 요동을 친다. 젊은 프랑스 커플이 그 소리를 듣고는 손바닥만 한 바케트의 반을 잘라주었다. 초콜릿 두 쪽과 함께. 한 번쯤 사양할 법도 하건만 난 냉큼 받아먹기 바쁘다. 허겁지겁 작은 빵을 먹는데 지나가던 두 독일 남자도 곁에 앉는다. 여전히 배고픈 내게 그들도 치즈와 빵을 건넨다. 토요일에 준비한 것이라면서.

걷는 여행자들은 모두 배낭의 무게를 생각해 먹을 것을 조금씩 준비한다. 그러나 난 그마저 준비를 못했다. 배낭이 무거운 것이 무섭고, 적당한 때에 바를 만나 먹으면 되겠다고 생각한. 계속 그렇게 바가 있을 줄 알았는데 지나온 길에 있던 바들이 모두 문을 열지 않았던 것이다. 어제 저녁까지 잘 먹었기에 아침 한 끼 정도 거르는 것쯤 대수롭지 않게 여겼는데 마치 며칠 굶은 듯 허기가 지다니. 연신 주린 배를 꼬르륵대며 빵을 얻어먹는 처량한 신세가 될 줄이야.

줄을 서시오~

한낮도 아닌데 그늘진 숲길을 벗어나면 태양이 뜨겁다. 카미노 친구 두 팀의 자선으로 겨우 기운을 차려 다시 걷기 시작했지만 모두 나보다 앞서간다. 너무 힘들어 자주 주저앉게 된다. 내 어리석음을 원망하고 또 원망하며…. 한참 만에 드디어 쉴 곳이 나타났다. 그늘도 없는 곳에 평상 같은 피크닉 테이블 몇몇이 고작이지만, 물도 나오는 순례자용 휴식 공간이다. 이제야 살았구나 하는 안도감이 밀려온다. 아쉬운 대로 물이나마 실컷 마시고 뜨거운 태양 아래 신발을 벗고 누웠다. 그렇게 편할 수가 없다.

어느새 까무룩 잠이 들었던가. 휙! 휘이! 휘파람 소리에 정신을 차렸다. 듀카다. 그는 나를 보면 새소리 같은 휘파람을 분다. 듀카는 늘 다른 이들보다 늦게 출발하지만 항상 앞서 간다. 걸음이 크고 빨라서다. 내가 햇볕이 쏟아지는 피크닉 테이블 위에 누워 자는 게 재미있었는지 기분 좋게 웃는다. 너무 오래 누워 햇볕 타작을 받는 건 해롭다며 다시 걷자고 나를 채근한다.

듀카와 함께 걷다가 혼자 걸어가는 얀을 만났다. 헤니는 아파서 도중에 택시를 타고 먼저 팜플로나로 갔다고 한다. 얀이 처음으로 누나 헤니에 대한 이야기를 했다. 헤니는 유방암 수술을 했고 몸을 회복한 지 1년도 되지 않았다. 그녀는 산티아고 가는 길을 가고 싶어했고, 누이를 혼자 보낼 수 없었던 얀도 5주 휴가를 내서 함께 걷는 것이란다. "헤니는 자상한 동생이 있어 행복하겠구나. 아마도 헤니 역시 얀에게 행복을 주는 존재일 테지. 두 사람은 앞으로의 인생도 산티아고 가는 길을 걷듯이 서로를 챙겨주며 함께 나아가겠지."

우린 이런저런 얘기를 하며 잠시 함께 걷다가, 그 두 사람의 걸음이 나보다 빨라 곧 앞서 갔다. 팜플로나에 거의 도착할 쯤에 독일 여자들을 만나 같이 길을 걷게 되었다. 작은 마을을 지나는데 그녀들이 반색을 하며 뛰다시피 걸었다. 슈퍼마켓을 본 것이다. 누가 먼저랄 것 없이 가방과 지팡이를 가게 문 앞에 던지듯이 내려놓고 들어갔다. 먹고 싶은 것은 많지만 모두들 지금 당장 먹을 것만 산다. 난 사과 한 개, 바나나 두 송이, 작은 빵과 요거트를 샀다. 각자 먹을 것을 손에 든 모습이 기쁨에 겨웠다. 우리는 슈퍼 앞 길가에 줄지어 앉아 지상 최고의 오찬을 즐겼다. 그러다 서로 바라보면 저절로 폭소가 터져나온다. 사소한 것에서 기쁨을 누릴 수 있다는 것. 이 또한 여행의 큰 묘미이리라.

팜플로나 알베르게에는 2시 30분경에 도착했다. 팜플로나 알베르게. 숙박비 5유로. 침대 수 94, 25 두 군데. 인터넷 가능. 샤워를 하고 쉬고 있는데 버스를 타고 온 유키가 들어왔다. 다리를 약간 절지만 걸음걸이가 어제보다 훨씬 편해 보인다. 유키의 짐을 풀고 바로 그의 물집부터 살펴보니 다행히 안정된 듯하고, 유키 스스로도 훨씬 좋아졌다고 한다. 소독하고 연고를 바른 후 새로운 테이프를 붙여주는데, 우리를 지켜보던 사람이 자기도 좀 도와줄 수 있냐며 말을 건다. 그는 내가 의사라는 얘기를 들었다고 했다. 그 말을 듣던 헤니가 웃음을 터트린다. "그래, 킴은 물집 전문의지. 솜씨가 좋다고." 물론 흔쾌히 도와주었다. 진료는 잠깐이니까 도움을 받고 싶은 사람은 어서 줄을 서라고 농담을 하자, 의외로 많은 이가 도움을 청한다. 드라마「허준」의 한 장면처럼 정말 "줄을 서시오! 줄을 서시라니까~"라는 익살이 필요한 순간이다. 나는 기쁜 마음으로 그들의 물집 치료를 도왔다.

물집 치료가 끝난 뒤 거리로 나오니 다른 순례자들도 짐을 풀고 느긋하게 돌아다니는 중이다. 산책을 하며 마주친 많은 이가 아는 척을 하며 인사를 하는데, 그 인사가 걸작이다. "잘 잤냐"는 것이다. 내가 피크닉 테이블에서 자는 걸 본 것이다. 땡볕 아래 세상모르고 잠들어 있었으니 신기할 법도 했겠지.

볼프강도 마주쳤다. 그는 스페인어를 통역해줄 사람을 찾고 있었다. 아내에게 전화를 해야 하는데 프랑스에서 사온 전화 카드가 안 된다는 것이다. 혼자 아이를 돌보느라 힘든 아내를 위해 매일 전화를 해야 한다고 한다. 아마도 아내와 아이들도 남편과 아빠의 전화를 매일 기다리고 있을 것이다. 완고한 오스트리아 남자의 자상한 일면을 보아서일까, 그가 더 기특해 보인다. 여행자에게 어디선가 자신을 기다리는 이가 있다는 것은 행복한 일이다. 그들을 떠올릴 때마다 가슴이 따뜻해질 테니 말이다.

소몰이 축제, 산 페르민

팜플로나는 중세 나바라 왕국의 수도였고, 현재도 나바라 주의 주도다. 로마 점령기에 로마 장군 폼페이우스가 아르가 강을 끼고 높은 언덕에 위치해 있는 이곳의 지리적 이점을 이용해 진영을 만든 것이 중세에 요새 도시로 발전한 것이다. 팜플로나라는 도시명도 로마 장군 폼페이우스의 이름에서 유래되었다. 이곳은 로마, 서고트족, 무슬림, 프랑스 순으로 침략

을 받아 피로 얼룩지며 번영을 이룬 곳이다. 그만큼 유대인, 바스크인, 무슬림, 프랑스인 등 다양한 민족이 각자의 구역을 이루며 살았다. 오랜 세월 적과 동침하며 살았지만 피는 섞이기 마련이어서, 나폴레옹이 이곳에 왔다가 다민족사회의 다양한 기질에 질려버렸다는 일화도 전해진다.

어느 곳보다 진한 피의 역사를 지녔기 때문일까. 팜플로나는 잔혹하기로 악명 높은 소몰이 축제 '산 페르민'으로 유명하다. 소에 받혀 죽은 성인 산 페르민을 추모하며 팜플로나 사람들은 매년 소를 죽인다. 때론 성난 소에 깔려 죽으면서까지 말이다.

그 방법이 갈수록 난폭해져 이제 슬픈 애도 따위는 오간 데 없고 광포한 핏빛 축제 일색이다. 7월 7일부터 15일까지 이 축제를 즐기려고 유럽 전역에서 어찌나 많은 사람이 모여드는지, 작은 도시 팜플로나는 숙소 잡기도 힘들 만큼 한바탕 복작거린다. 한 성인의 안타까운 죽음을 애도하자는 취지가 난폭한 살생과 흥겨운 잔치로 버무려져 스페인 시골의 어느 조그만 도시를 먹여 살리는 관광상품으로 탈바꿈한 것이다.

축제 참가자들은 붉은 운동화를 신고 흰 바지에 붉은 띠를 허리에 두르거나 붉은 스카프로 치장한다. 이들은 "비바, 산 페르민"을 외치고 기도송을 부르며 붉은 스카프를 휘두른다. 성난 소를 더욱 공격적으로 유도하기 위해서다. 가게마다 흰옷과 붉은 띠, 붉은 운동화를 내놓고 판다. 건물마다 소가 지나가는 길을 알리는 표시가 붙어 있다. 핏빛 축제가 이 도시의 주요한 관광 아이템임을 알리는 표식이다.

화려한 역사를 지닌 나바라 왕국의 수도 팜플로나. 넓은 광장 회랑 사이 건너편에 멋진 여왕의 조각상이 보였다. 만일 그녀가 이사벨 여왕이라면 남편이자 공동 통치자인 페르난도 국왕과 함께 마지막 이슬람 왕국 그라나다를 접수한 여왕이며, 콜럼버스에게 아메리카 대륙을 발견하도록 막대한 재정을 후원해준 위대한 여왕이며 순혈주의를 내세운 종교재판으로 유대인과 아랍인을 추방하고 죽음으로 내몬 잔혹한 여왕이다. 근엄한 자태의 여왕에게 향했던 시선을 거두고 산 페르민 축제가 열리는 골목길을 느린 황소걸음으로 걸어본다.

이사벨 여왕의 동상을 한참 바라보던 쓸쓸한 시선을 거두며, 그래도 조금이나마 위안을 얻는다. 지난하고도 웅숭깊었던 역사의 매력은 뒷전이고, 오로지 노골적 살육이 축제가 되는 도시에서 여행자의 마음은 아쉬움으로 물들 수밖에 없다.

팜플로나의 뮤직비디오

스페인의 저녁 식사는 보통 8시부터다. 바에서 커피를 마시며 저녁 식사 시간을 기다렸다. 난 언제나처럼 카페콘레체를 주문하고, 다른 일행은 맥주를 주문했다. 레체leche는 스페인어로 우유다. 그러니까 카페콘레체는 이탈리아어로는 카페라테인 것.

그런데 바텐더가 꺼낸 우유팩에 레체가 아닌 다른 글씨가 쓰여 있기에 물었더니 우유란 단어의 바스크어란다. 바텐더는 바스크인이고, 팜플로나는 바스크인의 주요 거주지다. 기원전 1세기 전부터 바스크인이 팜플로나에서 살았기 때문이다.

어느 나라에서나 그렇듯이 스페인도 지방색이 강하다. 각 지방의 민속 풍습과 언어가 조금씩 다르다. 카스티야인은 카스티야어를, 카탈루냐인은 카탈루냐어를, 갈리시아인은 갈리시아어를, 바스크인은 바스크어를 쓴다. 저녁을 기다리면서 바스크인 바텐더에게 바스크어를 배우느라 우리 일행은 마냥 즐겁다.

순례자를 위한 페레그리노 메뉴로 식사가 끝나갈 무렵 세차게 소낙비가 퍼붓는다. 누군가 이곳 알베르게는 귀가 시간이 정해져 있다고 하여, 우리는 늦지 않도록 자리에서 일어났다. 약간의 취기 덕분일까. 친구들과 무리지어 빗속을 거닐자니 제법 낭만적이다. 낯선 도시의 골목길은 신비롭고, 얼굴을 적시는 비 냄새는 묘한 향수를 불러일으킨다.

일행 중 누군가 노래를 부르기 시작한다. 익숙한 곡조의 올드팝이다. 하나둘씩 따라 흥얼거린다. 한 곡이 끝나면 또 다른 누군가의 선창으로 노래가 이어진다. 모두 함께 부르는 올드팝송은 같은 시대를 사는 세계시민의 국적을 통일시켜주는 힘이 된다. 각자의 청춘시절에 유행한 노래를 부르며 길을 걸으니 마치 젊은 날을 함께 보낸 사이인 듯한 친밀감마저 느껴진다. 오렌지색 가로등 불빛이 빗방울을 만나 사금파리처럼 반짝이는 골목길, 함께 숙소로 돌아가며 한목소리로 더불어 부르는 노래. 이렇게 나는 팜플로나에서 한 편의 뮤직비디오를 찍었고, 이 순간의 감정을 고이 간직하여 오래도록 재생버튼을 누르고 또 누를 것이다.

팜플로나 → 우테르가 (17km)

Pamplona → Uterga

밀밭 사이로

유키와 작별 인사를 했다. 우리 외에도 유키와 작별하는 친구들이 많다. 일주일도 안 되는 짧은 시간에 두루 친구를 사귄 유키. 여행길에서 먼저 다가가 스스럼없이 사람을 사귀는 재능은 여행자가 갖춰야 할 최고의 미덕이다. 그는 버스를 타고 레온을 거쳐 산티아고로 갈 것이다. 여행자에게 있어 만남과 헤어짐은 일상이다. 기회가 닿는다면 언젠가는 또 만나리라.

유키와 헤어지느라 평소보다 출발이 늦어져 길을 재촉해야 한다. 팜플로나의 좁은 골목길은 물청소를 마친 뒤라 말끔하다. 기분마저 산뜻해진다. 배가 고파 못 걷는 일이 다시는 없도록 먹을 것도 챙겼으니 든든하다.

골목길을 벗어나 공원을 지난다. 공원은 운동을 하러 나온 이들과 순례자의 행렬이 길게 이어진다. 촉촉한 잔디에는 셀 수 없을 정도로 많은 달팽이가 한곳을 향해 부지런히 가고 있다. 그들도 서쪽으로 간다. 저 멀리 언덕 위로 풍차가 보인다. 오늘 지나갈 곳이다. 낮은 구릉이 아름답게 펼쳐진 길을 걷는다. 구릉은 밀밭으로 덮여 있는데 밀밭 사이사이로 꽃다지 무

리 같은 게 샛노랗다. 밀밭 물결 위로 점점 흩뿌려진 새빨간 개양귀비도 귀엽다. 그 밀밭 사이 좁은 길을 따라 우리 순례자들은 간다.

구릉 위 한편에 순례자의 무덤이 있었다. 이번엔 벨기에인이다. 무덤 양쪽의 벤치에 순례자들이 앉았다. 독일과 네덜란드 사람인데 발바닥의 물집과 하루에 얼마나 걷는지가 화제다. 특히 젊은 독일인은 하루에 40km도 넘게 걷는다고 뽐낸다. 그들은 보폭도 넓지만 빠르기도 하다. 게다가 길에서 잘 쉬지도 않고 마냥 걷는다. 그렇기에 길 위에서 낯선 이들과 여유롭게 대화하는 즐거움을 모른다. 마치 러닝머신 위를 걷듯 부지런히 걸을 뿐이다. 아까 그 달팽이들처럼 말이다. 난 그들을 '워킹 머신'이라고 불렀다.

풍차가 길게 늘어선 산등성에 올라섰다. 바람이 세찬 만큼 풍차 돌아가는 소리도 우렁차다. 이 강한 바람이 전력을 만든다. 줄지어 선 40개의 전력용 풍차가 1년이면 20MW의 전력을 생산해 팜플로나 일대에 공급한다고 한다. 온몸으로 바람을 맞으며 한동안 넋을 잃고 바람이 만들어내는 장관을 바라보았다.

산을 오르는 길은 질펀하다. 비가 제법 내렸는지 흙길이 죄다 진창이다. 신발에 진흙이 달라붙어 금세 묵지근하다. 신발을 연신 풀밭에 문질러 털어내고 걸어야 한다. 드디어 정상. 땀을 흘리며 올랐지만 강한 바람과 추위 때문에 잠시 앉아 간식 먹기도 힘들다. 산등성이 정상에는 서쪽을 향해 길게 늘어선 순례자 행렬의 기념물이 있다. 모두 기념사진만 찍은 후 바로 내려간다. 갈 길이 멀다고 바람이 떠밀기라도 하듯이 말이다.

립스틱 짙게 바르고

올라올 때는 완만하게 경사진 오르막이더니, 내리막은 반을 뚝 잘라놓은 듯 급경사의 자갈 비탈이다. 모두들 지팡이에 기대 조심조심 내려간다.

팜플로나를 벗어나는 곳에 있는 고갯마루에는 서쪽으로 걸어가는 순례자상이 줄지어 있다.
거센 바람이 등을 떠밀어낼 정도다. 그 힘으로 바람개비가 돌아 팜플로나에 전력을 공급한다.

씩씩하게 걷던 독일 청년 둘 중 한 명이 힘겹게 절뚝거린다. 큰 물집이 터져 허물까지 벗겨졌기 때문이다.

헤니가 가방도 없이 지팡이에 의지해 겨우 내려가고 있다. 무릎이 너무 아프다는 것이다. 얀은 헤니의 가방을 들고 앞서 갔다고 한다. 가방을 가까운 바에 놓고 되돌아와 누이를 부축해서 데려가겠다며. 난 헤니를 비탈길에 앉히고 내 무릎 보호대를 꺼내 무릎에 씌워주었다. 그리고 아픈 발을 살살 만져주었다. 처음 해보는 마사지라 서툴렀지만 정성을 다했다. 헤니는 훨씬 편해졌다며 고마워한다. 난 그녀의 리듬에 맞춰 천천히 걸었다.

또 거꾸로 오는 사람이 보였다. 산티아고에서 오는 이들인가 싶어 자세히 보니 이틀 전에 본 그 프랑스 여자들이다. 도대체 알 수가 없다. 거꾸로 오는 것이라면 지난번에 스쳐지난 것으로 끝나야지, 왜 다시 만난단 말인가. 나를 보며 자지러지게 웃던 그녀들은 우리가 걸어온 쪽으로 멀어져 간다. 그녀들의 이해할 수 없는 행동이 더더욱 궁금해진다.

걷는 동안 헤니가 팜플로나 알베르게에서 자신의 왼쪽 침대에 묵었던 중년의 멕시코 여자 얘기를 꺼낸다. 이른 아침 침대에 앉아 마스카라로 속눈썹을 짙게 올려 세우고 붉은 립스틱을 바르며 정성스럽게 화장을 하더란다. 여성 순례자는 거의 화장을 하지 않는다. 그저 선크림을 바르는 정도다. 난 산티아고를 준비하며 머리도 짧게 잘랐다. 헤니도 그랬고, 남자처럼 아주 짧은 머리를 한 여자들도 많다. 손질하기 쉬운 것이 최고의 헤어스타일이기 때문이다. 헤니의 말대로 어쩌면 그녀는 새로운 남자를 찾기 위해 이곳에 왔을지도 모른다. 하지만 산티아고 가는 길에서 외적인 아름다움은 중요하지 않다. 순례를 하면서까지 남에게 보이는 모습을 의식해야 한다면, 그것만으로도 불행한 일 아닌가.

화장하는 멕시코 여자 얘기를 하면서 내리막길을 벗어나 작은 마을을 만날 때쯤 되돌아오는 얀이 보였다. 남매는 마치 오랜 세월 못 보고 지낸 사이처럼 서로를 반갑게 끌어안고 인사한다. 헤니는 얀에게 내가 그녀에게 베푼 작은 친절들을 설명해주었다. 착한 동생은 매우 고마워하며 내 배낭을 메주겠다고 한다.

바는 급한 경사가 끝나는 지점의 우테르가 마을에 있었다. 그곳에서 맥주를 마시던 듀카가 우리를 보더니 휘파람을 분다. 함께 점심을 배부르게 먹고 나니 힘이 들어 옴짝달싹하고 싶지 않다. 이 바의 위층은 사설 알베르게로 꾸며져 있다. 우테르가 알베르게(사설). 숙박비 8유로. 침대 수 24. 오늘의 원래 목적지는 7km를 더 가야 하는 푸엔테 라 레이나였지만, 헤니와 나는 이곳에서 묵기를 원했다. 얀과 듀카도 선뜻 동의해 우린 가던 길을 멈추고 짐을 풀었다.

예수, 마리아, 부처가 함께 있는 거실

간단히 빨래를 해서 널고 침대에 누웠다. 마음도 허리도 편안하니 더없이 좋다. 헤니와 한숨 자고 일어나니, 얀과 듀카가 파라솔 아래에서 맥주를 마시며 오가는 이들과 두런두런 대화를 나눈다. 다들 아주 평화로워 보인다. 역시 여기에 머무르길 잘했다 싶어 흐뭇하다.

바에서 헤니의 선물 쇼핑을 도왔다. 내일이 얀의 생일이기 때문이다. 난 진열되어 있는 자그마한 순례 기념품 중 노란색 화살표가 그려진 파란색 고무 팔찌를 골라주었다. 헤니는 화살표 배지와 함께 그것을 샀다.

저녁 식사 후 알베르게의 거실에 앉아 여전히 고통스러워하는 헤니의 발을 마사지하고 있을 때다. 샤워 하다 잃어버린 내 귀걸이 한쪽을 얀이 찾아왔다. 얀은 뭘 찾는 일에 재주가 빼어나다면서, 헤니가 행운의 동전 이야기를 꺼낸다. 생장의 어느 벤치에서 얀과 헤니가 쉬고 있는데 얀이 지팡이로 땅을 톡톡 치자 1유로 동전이 그야말로 땅 위로 쑥 튀어오르더라는 것이다. 얀이 그 행운의 동전을 꺼내 보여준다.

"얘는 어렸을 때부터 무언가를 잘 찾고 특이한 것을 잘 주워오고 그랬어." 헤니는 사랑스러운 눈길을 동생에게 건넨다. 어린 시절부터 오랜 세월을 함께해온 두 사람만이 연출할 수 있는 그윽한 장면이다.

얘기를 나누다 보니 얀의 목걸이에 달려 있는 불상이 눈길을 끈다. 그는 불교인은 아니지만 티베트 불교에 관심이 많아 크고 작은 불상을 수집한 게 무려 60여 개에 이른다고 한다. 놀라운 사실은 그의 아내가 가톨릭 신자라는 점이다. 한 거실에 불상과 마리아상이 함께 있다는 것이다. 가톨릭 신자인 아내가 얀의 불상을 문제 삼지 않는다는 게 내게는 퍽 인상적이다. 얀의 아내는 마리아나 예수의 성상들이 종교의 상징이기도 하지만 예술품으로 평가되는 것처럼 불상도 예술적인 눈으로 본다는 것이다. 종교의 차이가 부부의 금실에 금이 가게 하는 일이 얼마나 잦은가. 얀의 목에 걸려 달랑대는 불상을 보며, 서로의 차이를 너그러이 인정하는 얀 부부의 '따로 또 같은' 시선이 괜스레 부러워진다.

Day 6

우테르가 → 시라우키(16km)

Uterga → Cirauqui

거꾸로 걷는 사람

알베르게 뜰에서 간단히 아침을 먹으며 얀의 생일을 축하했다. 헤니가 준비한 선물은 우리가 따라가는 길에 있는 노란색 화살표 팔찌와 배지다. 나는 서울에서 준비해온 신라 왕관 모양의 책갈피를, 듀카는 2년 전을 회상하며 자전거 배지를 선물했다. 모두 의미 있는 것들이다. 얀은 크게 기뻐했다.

우리 일행은 오늘의 목표도 짧게 잡았다. 당분간 느긋하게 걸으며 몸 상태를 조절하려는 것이다. 목적지는 16km 떨어진 시라우키. 푸엔테 라 레이나는 너무 가깝고, 로르카 마을엔 숙소가 없고, 다른 곳은 너무 멀다. 저녁 식사를 함께 즐기기로 약속하고 각자 걷기 시작했다. 푹 쉬었더니 어제보다 허리의 통증이 훨씬 덜하다.

쉬엄쉬엄 여유롭게 걸어가는데, 어제 (그리고 그 며칠 전에도) 마주쳤던 거꾸로 걷는 두 프랑스 여자를 골목 한가운데서 또 만났다. 그녀들은 예전처럼 환히 웃었고, 나도 예전처럼 눈이 동그래졌다. 알고 보니, 그들은 차로 여행을 하며 아름다운 구간을 거꾸로 걷고 있다고 한다. 일행 셋이서 번갈아 가며 한 사람이 운전을 하고 두 사람은 거꾸로 걸어서 간다. 차를 운전하는 사람은 목적지에서 걸어오는 친구들을 기다렸다가 다음 구간으로 이동하는 것이다. 유연하게 여행의 즐거움을 만끽하고 있는 젊은이들이다. 다양한 사람이 다양한 방법으로 즐기는 길, 산티아고 가는 길의 사람풍경도 이처럼 다채롭다.

우아한 다리, 푸엔테 라 레이나

언제나 아침 해가 뜨면 나의 그림자는 길게 서쪽으로 앞서 간다. 내 그림자를 따라가는 것도 즐거운 일이다. 푸엔테 라 레이나는 좁은 골목길이 평행을 이루듯이 길게 이어져 있다. 긴 골목길은 순례자들을 위한 바와 빵집, 치즈와 하몽을 파는 가게, 기념품 가게가 즐비하게 늘어서 있다. 지나가는 순례자들로 좁은 골목길이 북적거렸다. 이 좁은 골목길이 마을의 경제를 살린다. 처음으로 동양인과 마주쳤다. 곱상한 일본 아가씨. 그러니까 지금 이 복잡한 골목 안에는 전 유럽에서 온 순례자들과 동양인 두 사람이 있는 것이다. 중세 시대에도 이 골목길은 순례자들로 북적거렸다. 장사 수단 좋은 유대인, 프랑스인, 바스크인은 물론 현지인인 나바라인도 있었다. 그 외 이베리아 반도에 있는 다른 왕국에서 온 사람들로 붐볐고, 여러 언어가 공존했던 곳이다.

11세기에는 기사단에 의해 이곳의 교회와 순례자 숙소가 운영되었다. 그때 밀려드는 순례자들에게 빵과 와인을 파는 것이 허락되었다. 단 순례자 숙소에서의 숙박은 무료였다. 알베르게가 유료화되어 소액의 기부금을 받는 형식으로 바뀐 것은 얼마 되지 않은 일이다. 나는 이곳에 남아 있는 순례자들에 대한 기록을 흥미롭게 살펴보았다. 어느 프랑스 순례자가 다른 순례자의 옷과 돈을 훔쳤다가 교수형을 당했다는 기록을 읽고 섬뜩했다.

11세기 나바라 여왕의 재정적 후원으로 아르가 강 위에 지은 다리. 유럽에서 가장 우아한 로마네스크 양식으로 만든 다리 중 하나다.

천 년이 지난 지금에도 순례자들은 소지품을 챙기는 일에 민감하다. 난 중요한 것 몇 가지는 복대에 넣어 허리 뒤에 차고 다녔다. 카메라가 든 작은 어깨 가방은 침대 안쪽으로 밀어 넣고 잔다. 여행 중 소지품을 잃어버리면 누구에게 따질 데도, 하소연할 데도 마땅찮다. 오히려 잃어버린 자가 주위 사람들에게 미안해해야 한다. 자신의 실수로 잃어버린 것을 누군가 가져간 것처럼 얘기하는 경우엔 주변 사람 모두를 불편하게 만드니까. 여행하는 동안 부주의로 소지품을 잃어버리는 일이 자주 발생하곤 한다. 샴푸나 수건, 치약, 양말, 셔츠 등 소소한 것부터 시작해서 아주 중요한 것까지.

듀카는 자전거를 타고 순례할 때 패스포트와 돈이 든 가장 중요한 가방을 잃어버린 적이 있다고 한다. 그는 여전히 소지품을 잘 챙기지 못해서 올해도 자꾸 흘리고 다닌다. 내가 그의 지갑을 몇 번이나 챙겨줘야 했으니까!

푸엔테 라 레이나의 하이라이트인 다리(푸엔테는 '다리'라는 뜻이다)는 긴 골목길이 끝나는 지점에 있다. 유럽에서 가장 우아한 로마네스크 양식으로 만든 다리 중 하나다. 여섯 개의 반원형 아치가 조용히 흐르는 아르가 강 위에 비춰져 비로소 둥근 원을 이룬다. 연달아 늘어서 우아한 자태를 연출하는 다리는 마치 새로운 세계로 가는 무지개 같다. 11세기 나바라 왕국의 여왕께서 재정을 마련해주신 덕에 나는 아름다운 다리 위를 느긋하게 즐기다 발걸음을 뗀다. 아디오스, 푸엔테 라 레이나~!

독사의 둥지, 시라우키

다리를 떠나 얼마 지나지 않아서부터 완만하게 오르는 언덕길이 한 굽이 두 굽이 계속되더니 드디어 경사가 급해진다. 지금 가는 곳은 바스크어로 '독사의 둥지'라는 뜻의 마을이다. 가파른 바위산 꼭대기에 마을이 자리 잡고 있어 붙여진 이름이다. 중세 시대에 강도를 피하기 위해 가파르고 높은 산 위에 집을 짓고 살기 시작해 마을이 이루어진 곳이다. 그러니까 유럽의 마추픽추 같은 곳인 게다. 고개를 거의 다 올라서서야 마을이 드러났다. 가장 높은 곳에 위치한 로마네스크 양식의 낡은 성당이 눈에 띈다. 그 바로 앞에 사설 알베르게가 있다. 시라우키 알베르게. 침대 수 34, 식당 운영. 산티아고 길에서 가장 멋진 알베르게. 숙박비 7유로, 풀코스의 멋진 저녁 식사 10유로.

알베르게의 내부는 한마디로 예술(!)이다. 모든 장식과 디자인이 한 사람의 솜씨 같다. 누구인지는 모르지만 내가 가끔 그리는 그림 스타일과 엇비슷해 더욱 반갑다. 물론 나보다 선이 굵고 자신감이 넘치지만. 알베르게 주인은 영어도 잘해서 스페인 말이 들려올 때의 당혹감을 느끼지 않아 좋다. 이런 알베르게에 묵게 되어 행운이라고 여겨질 만큼 맘에 쏙 든다.

저녁 식사를 하는 곳은 알베르게의 동굴 같은 반지하인데, 그곳에 들어서는 순간 다시 일제히 감탄사가 터진다. 아름답게 꾸민 실내는 예술가의 멋진 작품과 수집품으로 장식되어 있다. 바닥은 고대 로마인의 거실처럼 화려한 모자이크 장식으로 마감했고, 테이블 세팅도 일류 호텔 못지않다. 하나씩 제공되는 음식 또한 일품이다. 곁들여 마시는 포도주도 최고급인데, 이 화려한 음식 값이 겨우 10유로라니!

멋진 장소에서 맛난 음식을 앞에 두고, 처음 본 사람들과도 오랜 친구처럼 정담을 나누느라 식사가 마냥 길어진다. 이탈리아에서 온 의사, 스위스에서 온 물리치료사 앞에서 헤니가 또 한 번 넉살을 떤다. "킴만큼 훌륭한 물집 전문 의사는 없을 거야. 그러나 면허는 없지." 우린 한바탕 웃으며 물집과 무릎 통증을 화제 삼았다. 이탈리아인과 스페인인들의 대화는 시끄럽고 정열적이다. 말하는 것을 보고만 있어도 에너지를 얻는 느낌이다.

식사를 마치고 돌아갈 때 주인에게 이 집을 꾸민 작가가 누구인지 물었다. "바로 나"라고 대답한 그녀의 이름은 아인오아. 뉴욕에서 2년간 공부

'독사의 둥지'라는 뜻의 마을 '시라우키'.
중세 시대에 강도를 피하기 위해 가파르고 높은 산 위에 마을을 이뤘다.

한 그녀는 영어를 잘한다. 자신의 작품을 알아주며 관심 있게 얘기해주는 이를 만나서 아인오아도 몹시 기뻐했다. 다음에 꼭 다시 오고 싶은 곳이다. 그녀의 작품은 내게 새로운 창작 의욕을 불어넣는다. 나도 기회가 닿는 대로 이처럼 색다른 나만의 공간을 꾸며보리라는 의욕이 마구 솟구쳐 올라 어깨가 으쓱으쓱 즐거울 정도다.

대화를 나누느라 다른 때보다 늦게 잠들었는데 바로 앞 교회의 종이 매시간 울린다. 시간을 알리는 종을 울릴 때면 먼저 예고 종부터 친다. 예고 종이 끝나면 자면서도 시간을 알리는 종소리를 세게 된다. 하나, 둘, 셋, …. 댕그렁, 댕, 댕, …. 아, 제발 그만!

Day 7

시라우키 → 에스테야(16km)
Cirauqui → Estella

로마인의 길에서 유대인의 흔적을 보다

시간마다 울려대는 무정한 종소리 때문에 선잠을 자고, 어스름 새벽빛을 따라 성당의 회랑으로 갔다. 그곳에 스위스 부자가 마주 앉아 담배를 피우고 있다. 15세짜리 아들과 아버지가 함께 말이다. 내겐 기절초풍할 일이지만 얀과 헤니에겐 별로 놀라운 일이 아닌 모양이다.

일어날 때는 어떻게 하루를 걸어갈지 걱정이었지만 배낭 메고 길 위에 서니 다시 힘차게 걷게 된다. 오늘 헤니의 컨디션이 좋아 보인다. 걸음걸이가 편해 보이고 빠르다. 다행이다. 얀과 내가 그녀의 뒤를 따랐다.

'비아 트라이아나'라고 불린 고대 로마인의 길을 걷는다. 로만 로드임을 알려주기 위해 일부분을 돌길로 보수해놓았다. 로마인이 만든 무지개 다리도 지났다. 오늘의 목적지 에스테야도 로만 타운이었고, 중세에는 프랑스에서 많은 이가 이주해왔다. 또한 나바라에서 가장 큰 다섯 개 유대 마을 중 하나였을 정도로 유대인이 많이 살았다. 스페인 북부 지역의 중세 역사를 보면 나치 대학살 못지않게 유대인의 이주와 추방, 학살의 역사가 가슴 아프게 기록되어 있다. 유대인은 스페인에서 이슬람 세력과 가톨릭 세력의 틈바구니에서 때론 이주를 강요당했고 때론 학살의 피해자가 되었다.

바람에 일렁이는 금빛 밀밭 물결 위로 유대인 학살 장면이 담긴 영화의 영상이 너울거리다 사라진다. 스페인 깃발 속의 그 강렬한 붉은색, 광포한 산 페르민 축제에서 죽음에 몰린 소를 더 흥분시키려 붉은 천을 흔드는 투우사, 그 붉은 피가 솟아나올 때를 기다리며 열광하는 사람들의 모습도 밀밭 물결 위로 오버래핑 된다. 황금빛 밀밭은 바스러지는 햇살 아래 눈이 부시도록 찬란하다.

느리게 걷기

스페인 북부의 산티아고로 가는 이 길을 '프랑스 길'이라 한 데도 오랜 역사가 깃들어 있다. 11세기 이후로 스페인 북부 지역의 발전을 위해 세금 공제와 같은 여러 혜택을 주며 많은 이주민을 받아들였는데, 그중 산맥만 넘으면 되는 프랑스에서 가장 많이 건너왔다. 아마 이곳으로 이주한 형제자매들을 만나려고 프랑스의 친척들이 먼 길을 마다 않고 순례 겸 여행을 시작했을 것이다. 중세 시대부터 에스테야의 빵과 와인 맛이 인근 지방보다 특히 뛰어나다고 들었는데 어쩌면 그런 프랑스 이주자들 덕분이겠거니 싶다. 물론 나도 오늘 그 맛을 즐겨볼 참이다.

멋진 프랑스 병정의 입에서 물이 나오는 샘터에서 잠시 쉬었다. 한 남자가 가벼운 배낭을 메고 부지런히 걸어오더니 병에 물을 담고 얼굴을 씻는다. 그는 매일 35~40km를 걷는다고 한다. 아침 일찍부터 저녁까지 쉬지 않고 걷는다고 자랑스럽게 얘기하는 그는 내내 선 채로 얘기한다. '산티아고 전사' 같다고 말하자 그는 그 말에 만족한 듯 활짝 웃는다.

어제 함께한 젊은 이탈리아 의사도 하루 평균 35km를 걷는다고 했다.

시간이 넉넉지 않으니 서둘러야 한다면서, 자신이 무리해서 걷느라 죽었는지 살았는지 꼭 확인하며 오라고 섬뜩한 농담을 곁들이는 게 아닌가.

난 절대 돌진하는 병사처럼 걷고 싶지 않다. 후딱 목적지에 도착하기 위해 걷는 길이 아니다. 물론 목적지에 다다르는 성취감은 큰 행복이지만, 애초에 즐겁게 걷고 싶어서 나선 순례길이다. 가는 과정을 즐기고 싶은 것이 본질인 것이다. 쉬면서 함께 걷는 이와 마음을 나누고, 넓은 들판 가득 웃음도 채워가며, 바람결에 실려온 꽃향기에 취하기도 하면서 말이다. 아무리 생각해도 이 길에서는 '느리게 걷기'가 어울린다. 앞으로 산티아고 가는 길을 걷게 될 예비 순례자들을 만나면, 일찍 목적지에 도착하기가 여행의 목표라면 아예 이 길에 나서지도 말라고 얘기할 테다. 다른 길도 많다고….

밀밭 사이로 들리는 슬픈 이야기

밀밭인가, 꽃밭인가. 익어가는 금빛 밀밭 속에 붉은 개양귀비와 노란 꽃무리가 기막힌 조화를 이루는 곳을 지난다. 나비가 밭을 덮어버릴 기세로 떼 지어 날아다니고 있다. 얀이 우리에게 잠시 쉬어가자고 제안했다. 그가 쉬자는 말을 처음으로 했다. 들려줄 얘기가 있다는 것이다.

2년 전 이곳을 지날 때의 일이다. 그때도 봄이었는데 망연히 이 밀밭을 쳐다보며 주저앉아 울고 있는 여자를 만났다고 했다. 프랑스에서 온 그녀는 6개월 전에 아들을 잃었는데 그 슬픔을 잊고자 산티아고로 가는 중이었다. 그 여인의 아들은 나비를 무척 좋아했다고 한다. 아들과 함께 나비를 수집했던 추억이 떠오른 그 여인은 나비가 떼를 지어 날아다니는 밀밭을 차마 지나치지 못하고 울고 있었던 것이다. 오늘도 하염없이 떨어지는 벚꽃잎처럼 나비떼는 무성히 날고, 우리는 한동안 말을 잊었다.

오늘은 그리움과 가슴 아픈 이야기가 떠오르는 날인가. 듀카도 그의 친구 얘기를 꺼냈다. 그의 병든 친구는 산티아고 가는 길의 아름다운 경치를 실컷 보고 싶다고 했다. 그는 친구를 도와 자동차로 산티아고 여행을 했다. 여행을 마치고, 돌아온 친구는 그만 돌아올 수 없는 먼 곳으로 다시 여행을 떠났다고 한다. 듀카는 친구와 여행했던 이곳을 1년 뒤에 자전거를 타고 순례했다. 그리고 2년 뒤 지금 걸어서 가는 것이다. 갖가지 사연과 슬픔을 간직한 많은 사람이 이곳을 지나갔을 것이다. 공간에 감정이 저장되어 있는 것은 아닐까 하는 생각이 든다. 걷는 동안 여태껏 내가 경험해보지 못한 여러 감정을 느끼게 되는 것이 바로 그런 이유 때문이 아닐까. 걷는 것만으로도 가슴이 저릿저릿한 이유….

듀카는 오늘 걷다가 무릎이 뒤틀리면서 넘어졌다. 아무래도 무릎 상태가 심각해 보인다. 힘이 빠지거나 무엇에 걸려 걷는 리듬이 흐트러지는 경우가 종종 있는데, 바로 이때 넘어져 다치곤 한다. 무리하게 걸으면 돌아올 수 없는 곳으로 떠나는 일이 생기기도 한다. 오늘도 순례자의 무덤을 여럿 보았다. 어떤 일이 일어날지 한 치 앞을 내다볼 수 없는 것이 순례자의 길이기도 하다.

바를 자주 찾는 이유

바를 찾는 이유 중에 하나는 화장실을 사용하기 위해서다. 남자야 몸만 돌리면 해결할 수 있지만 여자들은 어딘가 몸 숨길 곳을 찾느라 급한 일 보기가 편치 않다. 바에서는 커피 한 잔 마시며 쉬기도 하고, 화장실도 사용하고, 새로운 사람들을 만나서 얘기할 수 있는 기회도 생긴다.

아로마테라피 전문가인 벨기에 여자를 만났다. 근육의 피로를 푸느라 어깨를 들썩이며 스트레칭을 하는 내게 그녀는 라벤더 오일을 추천했다. 뭉친 근육에 마사지를 해주거나 작은 상처가 난 곳에 바르면 좋다고. 그녀는 아주 작은 가방 하나만 달랑 메고 있을 뿐이다. 20kg짜리 배낭은 장소를 옮길 때마다 택시로 배달시키는데, 보통 5~7유로쯤 든다고 한다.

에스테야의 알베르게는 동네 스포츠센터 안에 자리 잡고 있다. 에스테야 알베르게. 침대 수 114, 125, 20 세 군데. 인근에 대형마트 있음. 방이 여럿인데 50명쯤 자는 넓은 방에 들어서니 단 한 사람이 누워 있다. 벨기에인 알렉이다. 아랍계 혼혈인 그는 무릎이 아파 쉬고 있는데, 순진하게 웃는 모습이 얼마나 해맑은지 모른다. 그는 하루에 7km 정도 걷는다. 의사의 권고를 받고 무릎이 나아질 때까지 당분간 그렇게 걸을 예정이다. 알렉은 영어를 못한다. 그는 프랑스어로, 난 영어로 대화를 나눈다. 공책에 그림을 그려가며 날짜와 거리를 써가면서 얘기하니 대충 말이 통한다. 이런 식의 대화는 서투르고 느려도 은근한 재미가 있다.

프랑스에서 온 순례자인 젊은 여자는 자원봉사자들을 도우며 사흘간 이곳에 머무른다고 한다. 푸엔테 라 레이나에서 만난 일본 여자도 다시 만났다. 둘은 이미 다른 곳에서 만나 친구가 된 사이다. 이들은 스물두어 살 정도의 또래지간이다. 저녁 무렵 새로 들어온 젊은 영국인 남자 순례자도 이미 이들과 길에서 만난 친구 사이였다. 그들이 순례자를 맞이하는 책상에서 알콩달콩 노닥거리는 걸 보니 역시 젊음은 젊음끼리의 분위기가 있구나 싶다. 순례자들의 무리는 그렇게 나뉜다. 통하는 끼리끼리 말이다.

비노 블랑코

중세의 전성기 시절처럼 이곳의 빵과 와인이 다른 지역보다 정말 맛있는지 먹어보려고 바에 갔다. 바는 현지인으로 북적댄다. 인근 공사장에서 온 인부들 같다. 그들이 나를 유심히 바라보는 눈길은 어지간히 부담스럽다. 같이 온 일행이 없다면 나를 둘러싼 뜨거운 시선 때문에 식사도 제대로 못했을 뻔했다.

에스테야의 산 베드로 성당은 12~13세기에 세워진
로마네스크 양식의 성당이다. 프랑스인과 유대인이 이곳으로 이주해와
경제 활동을 하면서 순례길이 더욱 활성화되는 계기가 되었다.

이곳에서 제공되는 와인은 냉장고에 시원하게 보관된 후 나왔다. 적포도주도 백포도주처럼 차갑게 나온다. 차가운 적포도주를 마시기는 처음이다. 시원하고 좋았다. 헤니와 나는 백포도주를 주문했는데 헤니는 엄지손가락을 치켜세울 정도로 맛있어했다. 음식의 맛도 좋고 양도 푸짐하다.

산티아고 길을 걸으며 생장 출발부터 줄곧 와인을 마셨다. 워낙 술을 못하는 탓에 한 모금이면 얼굴이 붉어지던 나였는데, 식사 때마다 포도주를 곁들이다 보니 이젠 두 잔 정도를 마셔야 볼이 발그레해진다. 내 몸이 술에 익숙해져 가는 것이 신기하고 즐거울 지경이다. 그동안 술이 받지 않는 내 체질이 싫었기 때문이다. 이젠 길을 걷다가 이른 아침에 들르는 바에서도 비노 블랑코백포도주 한 잔을 마시기도 한다. 커피나 맥주보다 갈증 해소에는 그만이기 때문이다.

이곳의 순례자 메뉴 가격은 와인을 포함하여 7~8유로쯤이다. 와인은 보통 한 잔이 아니라 한 병으로 나온다. 와인생산지답게 술 인심이 어찌나 후한지 모른다.

맛난 점심을 즐긴 후 나와 헤니는 「오 해피 데이」를 부르며 좁은 침대 위에 누웠다. 얀은 선탠을 즐기려고 나갔다. 그는 그렇게 밖에서 오가는 이들을 관찰한 뒤 우리가 일어나면 뉴스 리포터처럼 재빨리 소식을 전해줄 것이다. "Oh happy day, Oh happy day, When Jesus washed"를 중얼거리며 눈을 감는다.

Day 8

에스테야 ⟶ 로스 아르코스(21km)

Estella ⟶ Los Arcos

비행청소년 재활 프로그램으로 걷는 길

듀카는 결국 무릎 치료를 받기 위해 에스테야에 머물러야 한다. 다음을 기약하며 헤어질 수밖에 없다. 걸어가는 우리 뒤에서 듀카가 휘파람을 불어준다. 아픈 그를 남겨두고 우리끼리 걸어가려니 마음이 짠하다. 다시 만날 수 있을까, 나의 아미고여….

아침부터 오르막길이다. 그런데 저 위에서 누가 헐레벌떡 뛰어내려온다. 패스포트와 돈이 든 지갑을 알베르게 침대에 두고 왔다는 것이다. 아무래도 고단한 여정인지라 잠깐 주의를 놓치면 그이 같은 낭패를 보기 십상이다.

이라체 수도원을 지난다. 수도원 옆 와인공장 벽에 붙은 수도꼭지Fuente devino에서 포도주가 나오는 걸로 유명한 곳이다. 순례자 대부분은 길을 걷는 중에는 술을 마시지 않는다. 무겁게 포도주를 병에 담아 가지도 않는다. 순례자를 위해 후한 인심을 쓰는 것 같이 보여도, 사실 대부분의 사람은 감사한 마음에 맛만 즐기고 사진 몇 장 찍고 갈 뿐이다.

이라체 수도원을 지나서 언덕을 계속 오르는데 한 소년이 무거운 짐을 멘 채 지팡이에 의지해 몸을 구부리고 서 있다. 아까 뛰어가던 스위스 남자의 아들이다. 가방을 내려놓고 아빠를 기다리라는 얀의 말에도 괜찮다고 계속 고집을 부리며 그렇게 서 있는다. 놀라서 황급히 뛰어가는 아버지의 모습을 본 뒤라 어린 마음에도 편히 앉아 기다리기가 미안한 모양이었다.

나의 뉴스 리포터 얀이 그 아버지와 대화를 나눈 적이 있는데 아들이 학교에 적응을 못한다고 한다. 지능지수가 천재로 나왔는데, 바로 그런 이유 때문인지 오히려 보통 아이들과의 학습에 흥미가 없다는 것이다. 그래서 학교 밖의 나쁜 친구들과 어울리기 시작했다고 한다. 금융 계통의 일을 하던 아버지는 자기 일에 바빠 특별한 아들이 정말 받아야 할 교육과 시기를 챙기지 못했다. 아이가 커가며 자꾸 문제를 일으키고 학교에 적응을 못해 결국 정상적인 교육을 받을 수 없는 지경에 이르게 되자, 아버지는 일을 그만두고 자식과 함께 이곳으로 왔다. 아들과 함께 시간을 보내며 생각하기 위해서다.

그 둘은 서로 말이 없을 때가 많다. 그냥 둘이 편히 앉아 쉬거나 식사하거나 담배 피우는 것을 봤을 뿐이다. 그런데 지금 그 아들이 아버지를 앉지도 않은 채 서서 기다리고 있는 것이다. 그 아이를 바라보고 있자니 마음이 따뜻해진다. 산티아고 가는 길을 마치고 돌아가면 아들도 아버지도 자기 인생의 길을 따로 또 같이 잘 걸어갈 것 같았기 때문이다.

실제로 1982년 벨기에 사법부는 비영리단체인 오이코덴Oikoden과 연합하여 문제가 있는 청소년들의 사회 복귀 훈련으로 산티아고 가는 길을 걷게 했다고 한다. 프랑스의 쇠이유Seuil협회에서도 2,000km 이상을 걷는 도보여행 프로그램을 운영한다. 미국에도 비행 청소년의 사회 복귀를 돕고자 네바다 사막을 6개월 동안 횡단하는 프로그램이 있다. 중세에는 죄수들의 회개를 요구하는 형벌로 산티아고 가는 길을 걷게 했다는 기록도 있다. 이 스위스 부자지간도 비록 고행이지만 아름다운 자연 속에서 진정한

이라체 양조장에는 붉은 포도주와 맑은 물이 나오는 수도꼭지가 둘 있다.
무료로 와인을 제공하지만 무리하게 병에 담아가는 순례자는 없다.

마음의 대화를 나눌 수 있는 시간을 가졌을 것이다. 닫힌 마음은 열릴 것이고 열린 마음은 새로운 출발을 할 수 있는 힘이 될 것이다. 오늘 그 믿음을 이들에게서 보았다.

고통은 통찰력을 길어내는 우물

가파른 오르막길을 한 시간 반 동안 오르니 정말 더럭 겁부터 나는 내리막길이 앞을 막아선다. 눈물이 뚝뚝 떨어지도록 무릎이 아프다. 내리막은 가파른 만큼 짧다는 게 그나마 다행이랄까. 내리막길이 끝나자 바로 마을이다. 길가에 앉아 준비한 간식을 먹는데 작은 승합차 한 대가 마을 골목을 요리조리 돌며 경적을 울린다. 처음엔 좁은 골목길을 빠져나가느라 보행자의 안전을 위해 경고하는 줄로만 알았는데, 자세히 보니 동네에 빵을 배달하러 들른 차다. 경적을 듣고 몇몇은 빵을 사러 나왔다. 어떤 집은 문앞에 긴 자루 주머니를 달아 놓았는데, 차에서 내린 이가 그 주머니에 빵을 넣고 가기도 한다. 재미있는 장면이다.

뒤이은 길은 평탄했다. 오늘은 힘든 코스가 더 이상 없을 것이다. 멀리 원뿔형 산이 나타났다. 어린 시절 그림을 그릴 때 아주 쉽게 산을 쓱쓱 그렸는데, 딱 그런 모습의 산이다. 마치 산으로 인도하듯이 길은 굽이지며 길게 흐른다. 길가의 들꽃이 한 폭의 유화 같다. 표현을 하고 보니 조금 우습다. 잘 그려진 유화 한 점을 보면 "와! 진짜 숲 속을 걷고 있는 것 같네!"라고 감탄하고, 진짜 자연 앞에서는 "와! 한 폭의 그림 같네!"라고 말하니 말이다.

무릎이 아파 걷기가 최악의 상태일 즈음 알베르게에 도착했다. 로스 아르코스 알베르게. 침대 수 20, 28, 48, 72 네 군데. 마사지를 받을 수 있다. 잠을 자려면 위층으로 올라가야 하는데 그 계단 오르기가 천릿길같이 느껴진다. 얀이 내 배낭을 침대까지 들어다 주었다. 침대를 배정받자마자 쓰러지듯이 누웠다. 너무 아파서 눈물이 절로 흐른다.

　순둥이 벨기에 청년 알렉도 이곳에 묵고 있다. 오는 도중 알베르게가 없어서 아마 먼 길을 걸었을 것이다. 알렉은 마사지 해주는 사람에게 신청을 해놓았다고 한다. 신청자가 너무 많아서 나는 신청조차 할 수 없었다. 가방 무게라도 좀 줄이고 싶은데, 짐을 부쳐야 할 우체국이 아침 10시부터 한 시간 동안만 잠깐 여는 작은 마을이라 그것도 다음으로 미뤄야 한다. 이러지도 저러지도 못하는 암울한 상황이다.

　꼼짝없이 침대에 누워 오가는 이들을 바라보았다. 내 침대 건너편은 처음 만나는 오스트레일리아 남자 둘의 자리다. 그들의 물집은 유키보다 더하다. 허물마저 벗겨졌고 발뒤꿈치라 걸을 때 더 아플 것이다. 발바닥에도 커다랗게 검붉은 물집이 잡혔다. 내가 본 물집 중에 최고로 나빴다. 그도 마사지를 원했지만 마사지사가 물집을 보더니 그것부터 치료를 받아야 한다고 의사한테 먼저 가기를 권했다고 한다.

　누군가 말했다. 인간은 고통을 통해 깊은 통찰력을 터득한다고 말이다. 돈을 벌기 위해 또는 의무로 복역하는 군대 생활을 하면서 저 정도의 물집이 생겼다면 어땠을까. 물집마저도 기꺼이 받아들이며 계속 서쪽으로 걸어가지는 않았을 것이다.

　산티아고 가는 길 약 800km의 긴 여정 중 생장에서 출발해 137km를 걸었다. 먼 길에 이제 막 들어선 것에 불과하다. 이곳에 오기 위해 누군가는 오랜 시간 준비해야 했을 것이고, 누군가는 다른 무언가를 희생하고 왔을 것이고, 어떤 이는 죽음마저 각오한 순례길에 나섰을지도 모른다. 저마다 결연한 의지를 지녔음이다. 그러니 물집이 생겨 걸음을 절뚝거리더라도 포기하는 이는 없다. 괴롭다고 인상 쓰고 다니는 이도 없다. 길을 걸었다는 증표처럼 여기며 절뚝거려도 웃으며 계속 걷는다.

그래! 물집은 치료하면 된다. 물집 때문에 여정을 중단하면 남는 것은 후회뿐일 것이다. 감사하게도 나에게는 그저 발톱에 작은 물방울 같은 물집이 생겼을 뿐이고, 그마저도 저절로 사라졌다.

꾸미지 않아도 아름다워요

물집이 없는 대신 무릎 통증이 심하다. 너무 아파 눈물을 흘리며 걷기도 한다. 그래도 화가 나거나 슬프지는 않다. 오히려 사물을 재미있게 본다. 통증을 느끼며 걷는 길 위에서도 많은 생각에 빠진다. 생각들은 갑자기 차가운 바람처럼 세차게 내 머리와 맘속으로 들어와 휘몰아치며 시와 산문과 멋진 그림을 그려놓고 살랑거리는 깃털같이 가볍게 사라진다. 그런데 알베르게에 도착해 막상 노트에 뭐라도 적으려 들면 아무런 생각이 나지 않기 일쑤다. 수많은 생각이 바람과 함께 다 사라져버린 것이다.

짐을 부치지 못하는 대신 몇 가지를 버리기로 했다. 여분의 티셔츠와 비옷 겸용 점퍼, 공책, 오는 길에 수집한 무료 소책자 가이드북 등. 건너편의 오스트레일리아 남자들은 평소에도 패셔너블한 사람들인 것 같다. 멋진 티셔츠를 여러 장 갖고 왔고, 남성용 화장품 가방도 하나 있었다. 그런 그들도 반바지 하나와 티셔츠 세 장, 양말 두 켤레와 남성용 화장품을 버린다. 그들은 어제도 짐을 덜어내느라 뭔가를 버렸다고 한다.

아니 사실 버린 것은 아니다. 단정히 접어 선반 위에 올려놓았을 뿐이다. 누군가 필요하면 가져가라는 뜻이다. 내 것은 헌것이지만 오스트레일리아인들 것은 비교적 새것이다. 헤니는 그들의 화장품 가방을 보고 한마디 거든다. "우린 미인대회에 나온 게 아니잖아요. 안전하고 즐겁게 걸으면 되죠. 멋있지 않음 어때요? 이 길 위에서 걷는 것 자체가 멋지다고 생각해요. 꾸미지 않아도 아름다워요."

산티아고 가는 길 약 800km의 여정 중 137km를 걸었다. 누군가는 이 길을 걷기 위해
무언가를 희생하고 왔을 것이고 어떤 이는 죽음마저 각오하고 순례길에 나섰을지도 모른다.

로스 아르코스 → 비아나 (18km)

Los Arcos → Viana

게으른 농부 밭고랑만 센다

무릎의 통증이 여전하다. 통증을 완화시키는 크림을 바르고 출발했다. 아침에 얀에게 진통제를 받아먹었지만 아직도 걷는 게 힘들다. 길은 아직까지 무난하다. 급경사의 오르막과 내리막이 없어서 다행이다. 오늘 지나는 곳은 올리브 밭 사이로 이어진다. 바퀴 하나로 카트를 만들어 짐을 싣고 가는 순례자가 걷고 있다. 아주 간단하게 만들었다. 배낭의 등 쪽에 가벼운 철봉으로 가로세로로 지지대를 만들어 아래에 바퀴를 단 것이다. 허리와 어깨에 끈을 연결해 멜빵처럼 걸었다. 지난번에 본 두 바퀴 수레보다 훨씬 편해 보인다. 두 손이 자유로운 그는 지팡이도 들고 간다. 나를 비롯해 무거운 배낭에 지친 순례자들은 외바퀴 수레를 끌고 가는 남자를 부러운 시선으로 쳐다보았다. 내 앞에서 걷던 그는 체리 나무를 보더니 카트를 벗어 두고 체리를 두 손 가득 따서 낯선 카미노 친구들과 맛있게 나눠 먹는다. 여유로운 모습이다.

세 시간째 비교적 편한 길을 걷는다. 그래도 무릎의 통증 때문에 가던 길을 자주 멈추게 된다. 그런데 이제 다시 비탈길을 오른다. 시선을 멀리 두지 않으려고 애쓴다. 먼 곳을 내다보면 그 아득한 거리에 질려 걷기 전부터 힘이 들기 때문이다. '게으른 농부 밭고랑만 센다'는 속담이 있다. 밭을 매기 싫은 것이다. 나도 너무 힘이 들어 얼마나 왔고 또 얼마나 남았는지 확인할 때마다 낙담하면서도 자꾸 재기만 한다.

또다시 가파른 내리막길. 난 지그재그로 경사를 줄이며 내려간다. 무릎에 힘이 쏠리는 것을 조금이라도 줄이기 위해서다. 저 아래에서 헤니와 얀이 그런 나를 염려스러운 눈길로 바라보며 기다리고 있다. 나를 위해 걱정과 응원의 시선을 보내며 기다려주는 이들이 있다. 고마운 마음에 콧날이 시큰거리며 눈물이 흐른다. 고통으로 마음이 약해졌나보다. 힘겹게 내리막길을 내려오니, 얀이 오늘의 마지막 힘든 코스였다고, 애썼다며 나를 격려한다.

무엇을 더 버려야 하나

비아나의 알베르게는 침대가 3층이다. 비아나 알베르게. 숙박비 3유로. 침대 수 54. 3층 침대는 처음 본다. 아마 내가 3층에 배정되었다면 난 그냥 바닥에 침낭을 깔고 잤을 것이다. 거기서 떨어졌다가는 성치를 못할 테니까. 고맙게도 난 1층이다. 몸의 피로를 풀고 무릎의 통증도 줄어들까 해서 따뜻한 물로 샤워를 오래 했다. 배낭 무게를 줄이려고 몇몇 짐을 꺼내 우체국에서 부치려고 했더니 토요일이라 문을 닫았다. 그렇다면 내일도 못 보낸다.

배낭의 짐을 모두 꺼내 어떻게든 줄일 궁리를 해본다. 손바닥만 한 크기의 재생지 공책을 버리기로 했다. 모자라면 더 산다는 맘으로 작은 메모용 공책으로 두 권을 사왔지만 그것마저 쓸 일이 없다. 길 위에서야 없던 재능마저 샘솟아 마치 시인이라도 된 것처럼 멋진 생각 속에 묻혀 있지만, 정작 글을 쓸 만큼 여유가 생기지 않는다. 조금 시간이 나면 걸어온 거리와

배낭의 짐을 모두 꺼내어 어떻게든 줄일 궁리를 한다.
도대체 뭘 더 버려야 할까? 혹시 배낭의 무게와 삶의 무게가 같지 않을까?

만났던 이들에 대해 잠깐 스케치 정도만 하고 덮기 일쑤다.

나는 샴푸도 없다. 화장품도 없다. 그저 선블록 하나만 바른다. 비누 하나로 머리를 감고 샤워, 세탁까지 다한다. 가벼운 플라스틱 자물쇠, 바지 두 개, 속옷, 양말 총 세 켤레, 가이드북 한 권(절대 버릴 수 없다!), 깔고 앉을 작은 자리, 침낭, 빨랫줄, 빨래집게 여섯 개. 도대체 뭘 더 버려야 할까. 행여 무거울세라 먹을거리도 가벼운 비상용 빵만 넣고 다녔는데… 어쩔 수 없이 월요일까지 참기로 했다. 그때도 우체국 행이 여의치 않으면 버릴 수 없는 것이라 해도 버리리라.

우린 헤니와 얀이 봐온 장으로 알베르게 부엌에서 야채 샐러드를 만들었다. 빵과 야채 샐러드에 참치 통조림, 와인을 푸짐하게 늘어놓고 먹는데 한쪽에서 스파게티를 만드는 남자가 보인다. 그는 팔이 하나뿐인데도, 한 손으로 마늘과 양파를 까고, 야채도 썬다. 좀 불편해 보이지만 늘 하던 솜씨임을 알 수 있다. 우린 귀찮아서 만든 것이라곤 간단한 샐러드뿐인데 한 손으로 깎고 썰고 지지고 볶으며 스파게티를 만들다니. 그는 우리들의 존경의 눈길을 받을 자격이 충분하다.

내일 걸을 것을 생각해 다리를 충분히 쉬게 하려고 저녁 식사 후에도 마을 구경을 나가지 않았다. 내 옆 침대의 독일인 할머니가 할아버지께 뽀뽀를 해주며 머리 손질을 해주고 있다. 할아버지는 혈압으로 쓰러졌었는지 눈과 입이 약간 비틀어져 있다. 말하는 것도 불편한지 아무 말씀도 없으시다. 할머니는 어린 아들처럼 할아버지를 챙기고 보살핀다. 내 한 몸 추스르기도 힘겨운데 이 분들이 이토록 먼 길을 걷는 것이 신기하다. 아름다운 도전. 이 노부부의 순례 여정이야말로 그런 이름에 걸맞다 싶다. 평생을 함께 걸어온 동반자가 옆에 있는데 무엇이 더 필요하겠는가.

Day 10

비아나 → 나바레테 (23km)

Viana → Navarette

로그로뇨의 펠리사 할머니

내 옆자리의 독일 노부부는 새벽에 조용히 준비를 해서 떠났다. 누워서 그들이 준비하고 떠나는 모습을 지켜봤다. 헤니가 일어나 움직이더니 얀의 침낭을 흔들었다. 곧 얀이 일어나더니 나의 침낭을 흔든다. 헤니와 얀은 오늘도 나의 아침을 챙겨준다. 요거트와 빵을 내밀며 따뜻한 눈길을 건넨다. 행복도 함께 건네진다. 작지만 큰 행복으로 여는 아침이다.

오늘은 도시를 통과한다. 경사가 심한 비탈길은 없을 것이다. 동트는 새벽은 늘 아름답다. 길 위에 올라서면 움직일 수 없을 것같이 지친 몸이 그 아름다움에 취한 듯 힘을 내어 걷게 된다. 대성당의 뾰족탑이 보인다. 로그로뇨가 곧 나타날 것 같다. 나바르에서 라리오하 지역으로 넘어온 것이다. 작은 마을이든 좀 큰 도시이든 간에 제일 먼저 교회의 종탑이 보이기 시작한다. 그러나 보이는 것과는 달리 한참을 걸어야 한다.

로그로뇨에는 순례자들 사이에서 유명한 할머니 한 분이 계신다. 로그로뇨 입구에 천막을 치고 좌판을 펼치고 앉아 순례자 수첩에 스탬프를 찍고 돈을 받았다는 펠리사 할머니다. 순례자가 지나는 시간 동안이 할머니의 근무 시간이었다. 매일 그곳에서 순례자들에게 기부금을 받고 자신의 이름을 새긴 스탬프를 찍어줬던 것이다. 할머니가 돌아가신 후 할머니께서 순례자들을 기다렸던 그 자리에 지금은 펠리사 바가 있다. 용돈을 벌며 순례자들과 재미나게 이야기를 나누는 귀여운 할머니를 만날 수 있었더라면 더 좋았을 텐데…. 그 대신 할머니의 이름을 딴 작은 바가 순례자들을 반갑게 맞는다. 바에 들어가 차를 마시고 기념으로 스탬프도 받았다.

그곳에서 미국의 잭슨빌에서 온 할아버지 두 분을 만났다. 같은 동네 친구인 존과 빌이다. 미국에서 암트랙 선셋리미티드를 타고 키웨스트를 가던 중 기차를 바꿔 타기 위해 들른 곳이 바로 잭슨빌이었다. 잭슨빌을 떠올리면 가슴이 조금 아프다. 잭슨빌 역에서 돌아가신 아버지를 닮은 분과 다섯 시간을 함께 보냈던 추억이 있기 때문이다. 그 분은 서쪽으로, 난 동쪽으로 가는 기차를 기다렸었다. 아버지처럼 나를 챙겨주셨고, 내가 탈 기차가 왔을 때 아버지께서 늘 그러셨듯이 내가 열차에 올라타 뒤돌아볼 때까지 나에게 손을 흔들어주셨던 분이다. 그 분 때문에 눈물을 흘리면서 떠나야 했던 그 잭슨빌에서 오신 분들이니 괜히 반가운 마음이 앞선다. 잭슨빌에 대한 내 추억을 얘기했더니 자신들과도 좋은 추억을 남길 수 있을 거라고 빌이 말한다.

풀잎 십자가

순례자들은 길을 걸으면서 종종 그들만의 이벤트를 만들며 간다. 나름의 예술적 재능을 발휘해서 말이다. 얀이 대나무처럼 긴 줄기의 풀잎을 잘라내어 무엇인가 만들며 걸어가는 것이 보인다. 하이웨이가 이어지는 언덕길에 안전을 위해 긴 철조망이 설치된 곳에 이르니, 철조망 그물 사이에 풀

삼삼오오 혹은 홀로 걷는 길, 저 멀리 구릉을 넘어왔고 또 구릉을 오른다.
매일의 성취감으로 피로를 씻고 대지가 주는 새 기운을 얻으며 걷는다.

잎으로, 나뭇가지로, 노란 들꽃으로 만든 수많은 십자가가 설치되어 있다. 지친 순례자의 냄새가 나는 낡은 부츠 한 켤레도 걸려 있다. 2km가 족히 넘을 재미없고 지루한 철조망 울타리 길을 순례자들이 이렇게 바꾸어 놓은 것이다. 얀이 언덕을 오르며 만들었던 것은 이곳에 설치할 긴 풀잎 십자가였다. 2년 전 자전거로 이곳을 지날 때 본 기억이 떠올라 미리 야금야금 준비했던 것이다.

나바레테에 도착했지만 알베르게는 2시나 되어야 문을 열기 때문에 근처에 있는 레스토랑에서 기다리기로 했다. **나바레테 알베르게. 숙박비는 자발적 기부금 형식으로 받는다. 침대 수 36, 16 두 군데.** 레스토랑의 넓은 마당에 펼쳐놓은 파라솔 그늘에 앉아 타파스와 차가운 비노 블랑코를 마셨다. 듬성듬성한 플라타너스 이파리 사이로 보이는 하늘은 눈이 시릴 정도로 푸르다. 대낮의 땡볕은 덥고 따갑지만 그늘진 파라솔 아래로 불어드는 바람은 그래서 더욱 시원하다. 길게 다리를 뻗고 앉아 마시는 차가운 비노 블랑코의 맛도 깔끔하고 상쾌하다. 오랜만에 즐기는 여유를 맘껏 만끽하는 곳. 나바레테는 내게 그런 의미로 기억될 것이다.

나바레테 → 아소프라 (21km)
Navarette → Azofra

아프기 시작한 헤니

빌과 존은 일찍 출발한다. 나바레테에서 좀더 친해진 베로나 아줌마 피아와 토리노 아저씨 체자르도 길을 나섰고, 할아버지 뢰네는 그들보다 먼저 출발했다. 우리는 늘 중간 순위쯤 된다. 언제나 동트기 전에 걷기 시작한다. 마을 공동묘지를 지나는 곳에 또 하나의 순례자 무덤이 눈에 띄는데, 특이하게도 부조 형태의 조각품이 벽에 붙어 있다. 순례자 복장의 한 남자가 지팡이를 짚고 서쪽으로 걷는 모습과 한 여인이 다소곳이 앉아 서쪽을 바라보는 모습이다. 그들의 시선이 가닿는 곳은 물론 이 길의 목적지 콤포스텔라다. 아래쪽에 새겨진 조문을 읽을 수는 없지만, 어떤 내용인지 알 것 같은 기분이다.

주변의 경치는 심심하고 밋밋하지만, 무릎의 통증이 덜해서 좋다. 이런 곳에서는 순례자들이 만들어가는 명소가 나타나곤 한다. 무료함을 달래려는 순례자들의 재치 있는 행위예술이라고나 할까. 길가에 돌들을 쌓아올려 만든 올망졸망한 돌탑들이 수없이 늘어서 있다. 나바레테에서 나헤라까지 걷는 네 시간 동안 먹을 것과 물을 구할 데는 없지만, 경사가 없어 비교적 편하게 걸을 수 있다. 들판은 익어가는 밀밭과 이제 새싹이 나오는 포도밭으로 이어진다. 수수한 옷차림의 여인 같은 경치다.

나헤라의 의미가 아라비아어로 '절벽 사이'라더니 정말 깎아놓은 듯한 절벽이 마을을 둘러싸고 있다. 나헤라에 도착하자 헤니가 토하기 시작했다. 아픈 것도 아니고 어떤 통증이 있는 것도 아닌데 자꾸 토악질이 난다는 것이다. 걸음을 걸으면 토하는 것이다. 약사 말로는 순례자들이 피로가 겹치는 경우 이런 증상을 호소하지만 좀 쉬고 물을 많이 마시면 괜찮아진다고 한다. 헤니는 몸에 이상이 오면 퍽 불안해한다. 병이 재발된 것이 아닐까 하는 걱정이 앞서기 때문이다. 할 수 없이 그녀는 우리의 내일 목적지인 산토 도밍고까지 택시로 이동해 호텔에서 쉬기로 했다.

얀은 헤니가 떠나는 것을 살펴야 했기에, 나는 혼자 길을 떠났다. 나헤라에서 오랫동안 지체했기 때문에 얀보다 느린 걸음을 생각해 먼저 떠난 것이다. 마을을 벗어나 깊은 숲길을 혼자 걷자니 슬며시 겁도 나지만, 곧 숲의 고요함에 빠져 묵묵히 걷는다. 헤니 걱정에 맘은 무겁지만, 편안하고 시원한 숲길에 감사하며 쉼 없이 꾸준히 걷는다.

아소프라의 알베르게에 도착하니 아소프라 알베르게. 숙박비 5유로, 침대 수 72. 일행들이 염려스런 눈길로 헤니의 안부를 묻는다. 헤니에게서 더 이상 토하지도 않고 잘 지내니 염려 말라는 전화가 왔다. 호텔 측에서 내일 의사에게 진단받을 수 있도록 예약도 해주었다고 한다. 헤니의 병이 재발된 것은 아닐까, 얀의 표정은 그 이상 더 무거워 보일 수 있을까 싶게 깊이 가라앉아 있다.

아소프라 → 산토 도밍고 데 라 칼사다 (17km)

Azofra → Santo domingo de la calzada

목이 메어 다 부르지 못한 노래

몹시 추운 아침이다. 반팔 셔츠에 남방 두 개를 겹쳐 입어도 선득선득한 기운이 스며 소름이 돋을 지경이다. 걷다 보면 몸에 열이 나리라. 길고 긴 언덕을 한 시간이 넘도록 싸목싸목 걷는다. "저 산은 내게 오지 마라 오지 마라 하며…" 양희은의 「한계령」, 저절로 입 끝에 나와 걸린 노래를 차마 다 부르지 못한다. 갑자기 목이 메며 눈시울이 후끈 달아오른다. 초록빛 들판 사이로 흐르는 강물처럼 구비치며 이어진 저 뽀얀 살 같은 길도 눈물에 흐려져 마냥 서러워 보인다.

쓰리도록 아픈 기억들, 그리움도, 미련도, 분노도 다 잊어버리고 싶었다. 한없이 걷고 또 걷다 보면 다 잊을 것이라 생각했다. 그러나 헝클어진 실타래처럼 응어리졌던 기억들이 노랫 가락을 타고 슬며시 고개를 치켜든다. '그래. 흐르는 눈물 막을 것 없다. 실컷 울어보자! 울고 나면 맘속에 맺힌 응어리도 앙금도 사라지겠지.' 그런 마음으로 홀로 울며 걷는 길….

언덕길을 오르자 안이 정상에 앉아 나를 기다린다. 낯선 길 위에서 나를 기다려주는 사람이 있다. 기쁘다. 얀은 내게 바나나 한 송이를 내밀며 얼굴을 살피더니 아프냐고 묻는다. 울음 그친 지가 한참 전인데 그 말을 듣자 다시 왈칵 눈물이 솟는다. 무방비 상태로 펑펑 울며 나는 잠시 마음이 아팠을 뿐이라고 대답하고, 그는 말없이 내 머리를 쓰다듬는다.

오늘은 네 시간만 걸으면 되는 짧은 거리다. 헤니가 아침부터 다시 헛구역질을 한다고 전화를 했다. 의사와의 약속 시간에 늦지 않도록 얀을 재촉한다. 걱정되는 마음에 부지런히 걸었다. 그렇게 호텔 앞에 이르니 헤니가 불안한 모습으로 우리를 기다린다. 순례자들은 병원에서 무료 진료를 해준다. 대부분 과로로 생기는 문제 때문에 의사를 찾는다. 가끔 물집 때문에 찾아가기도 하지만 드문 일이다. 물집은 걷기 시작한 지 일주일에서 열흘이면 다 자리를 잡는다.

난 병원 밖 계단에 앉아 얀과 헤니의 가방을 지키며 그들을 기다렸다. 금세 진료를 마치고 나온 헤니는 의사가 어쩌면 영어 한 마디 못할 수가 있냐며 불평했다. 처방은 간단하다. 헤니의 증상은 쌓인 피로 때문에 생긴 현상이기 때문에, 매일 걷는 거리를 줄이고 물을 많이 마시라는 것이다. 오늘 하루는 물만 마셔야 한다고 했다. 이것이 얀이 겨우 알아들은 말의 전부다. 뭐 별 탈 없다는 것은 반가운 일이다.

산토 도밍고 데 라 칼사다 수도원에서 운영하는 알베르게로 갔다. 산토 도밍고 데 라 칼사다 알베르게. 침대 수 71, 32 두 군데. 부엌에서 조리 가능. 늘 하던 순서대로 순례자 증명서에 스탬프를 찍고, 짐을 침대에 풀어놓으면, 샤워하고 빨래해서 널고. 그러고는 오후 일정의 시작이다. 오늘 나의 중요한 일정은 짐을 덜어 산티아고로 보내는 것이다. 우체국만 나타나면 부치려고 꾸려놓은 것을 드디어 보냈다. 별로 줄어든 것 같지도 않지만 기왕에 맘먹었던 일을 하고 나니 마음이 가뿐하다.

아뿔싸! 작은 사고를 쳤다. 차를 마시고 일어나다 카메라를 땅에 떨어트렸는데, 그 뒤로 도무지 작동이 되질 않는다. 그런데도 화가 나거나 아쉽지도 않고 나 스스로도 놀랄 정도로 느긋하다. 나보다 얀이 더 걱정하며 카메라 수리할 곳을 찾아 나를 끌고 거리를 돌아다니지만 그럴 만한 데는 눈에 띄지 않는다.

헤니는 침대에 누워 쉬면서 물만 마신다. 사흘 동안 보지 못한 듀카를 이곳에서 다시 만났다. 무릎을 다친 바람에 줄곧 함께 걷던 우리를 먼저 떠나보내며 깊은 울림의 휘파람으로 쓸쓸히 배웅하던 듀카. 진정 반갑게 우리는 만났지만, 알고 보니 그의 형편도 좋지 않다. 무릎에 탈이 나서 의사가 아예 걷기를 중단하라고 했는데도, 듀카는 버스로 이동하며 하루만 쉬고 내리 걸었다고 한다.

스위스 부자도 다시 만났다. 잃어버린 지갑은 다행히 숙소에서 찾았다고 한다. 한사코 짐을 메고 서서 아버지를 기다리던 그 아들의 눈빛은 이제 즐거움으로 가득 찼고 얼굴이 밝은 웃음으로 빛났다. 얀과 대화를 나누는 아버지를 바라보는 아들의 시선도 착하고 곱다. 온몸으로 함께 걷는 부자지간, 바라보는 나까지 흐뭇하게 만드는 싱싱한 삶의 에너지가 그들에게서 뿜어져 나오고 있다.

전설 따라 걷는 산티아고 가는 길

이곳 산토 도밍고의 교회 한쪽 벽에는 닭장이 있다. 흰 닭 한 쌍이 거기살고 있다. 여느 닭이 아니다. 수백 년 동안 유명세를 탄 닭이다. 결백한 한 청년의 무죄를 증명했던 기적을 기념하기 위해 순결함의 상징인 흰 닭 두 마리가 매달 교체되어 내려온 지가 수백 년인 것이다. 스페인은 무수한 전설이 깃든 땅이다. 그중에서도 산토 도밍고의 전설은 산티아고 길의 대표

초록의 밀밭 사이로 길게 뻗은 유채꽃 풍경은 모든 고통을 잠시 잊게 한다.

적 전설 중 하나다.

한 독일 청년이 부모님을 모시고 순례를 하던 중에 일어난 일이다. 이들은 산토 도밍고에서 밤을 보내게 되었다. 이 청년이 꽤나 잘 생겼나 보다. 여관 주인의 딸이 이 준수한 청년을 유혹했다. 그러나 청년은 그녀의 유혹을 거절했고, 그녀는 앙심을 품었다. 그녀는 친구를 꾀어 교회의 은잔을 훔쳐 청년의 가방에 숨기고 신고한다. 체포된 청년의 가방에선 당연히 은잔이 나왔다. 청년은 절도죄로 교수형을 당하게 된다. 중세 시대에는 죄짓는 것을 강경하게 경고하기 위해 처형당한 자의 시신을 그대로 처형대에 남겨뒀다고 한다.

졸지에 참척의 변을 당한 부모는 기도하는 맘으로 산티아고 길을 계속 걸었고 돌아오는 길에 다시 산토 도밍고를 찾았다. 가슴이 찢어지는 심정으로 아들이 처형당한 교수대에 다가갔을 때 놀라운 일이 일어났다. 아들이 밝은 목소리로 그들에게 인사를 했기 때문이다. 청년의 부모는 달려가 아들이 살아 있음을 알렸다. 구운 닭으로 식사를 하려던 마을의 지도자는 "만일 당신의 아들이 살아 있다면 이 식탁의 구운 닭도 살아날 것이요"라고 했다. 그러자 구운 닭에서 털이 나더니 꼬꼬댁거리며 날아서 도망가더라는 것이다. 물론 그 청년은 교수대에서 풀려나 부모와 함께 독일로 갔다는 내용이다. 이곳의 닭장이 1460년대에 처음 지어졌으며, 얘기의 시작은 12세기 때이니 전설의 역사가 깊다.

중세 시대에는 순례자들이 닭장 안으로 빵 같은 부스러기를 밀어넣고서 그것을 닭이 먹으면 안전하게 산티아고에 닿을 것이고 만일 먹지 않으면 길에서 죽을 것이라고 믿었다. 또 어떤 이는 닭의 깃털이 순례자의 손으로 떨어지면 행운이라고 믿었고, 오늘날은 닭의 울음소리를 들으면 행운이라고 한다. 비록 닭 울음을 듣진 못했지만, 아무렴 어떤가, 난 나의 행운을 내가 만든다!

산토 도밍고의 전설을 따라 전 유럽에서 사람들이 왔고 이 전설이 변형되어 많은 작품이 만들어졌다. 오늘도 산토 도밍고의 좁은 골목길에 늘어선 레스토랑과 바, 기념품 가게, 알베르게와 호텔은 사람들로 북적거린다. 이 특별한 닭을 보러온 단체 관광객이 줄을 지어 골목길을 가득 메운 모습도 진풍경이다.

나의 카미노 친구 얀이 지켜보는 공동묘지 벽면의 조각들은 산티아고 쪽, 즉 서쪽을 보고 있다.

대서양

리바데오

산티아고 데 콤포스텔라

피니스테레

트리아카스텔라

산 마르틴 델 가

아스토르가

영국

아일랜드

독일

프랑스

대서양

스위스

이탈리아

포르투갈

스페인

지중해

포르투갈

알제리

━━ 프랑스 길   ━━ 카스티야레온 이동경로

비스케이 만

빌바오

산세바스티안

생 장 피드 포르

프랑스

론세스바예스

스페인

0   50km

사라고사

Day 13~25

←Z

산토 도밍고 데 라 칼사다
벨로라도
이헤스
부르고스
오르니요스 델 카미노
카스트로헤리스
보아디야 델 카미노
카리온 데 로스 콘데스
테라디요스 데 템플라리오스
베르시아노스 델 레알 카미노
레온
만시야 데 라스 물라스
아스토르가

산토 도밍고 데 라 칼사다 → 벨로라도 (23km)

Santo domingo de la calzada → Belorado

틱! 탁! vs 티익! 타악!

헤니의 상태가 좋아졌다. 하루 종일 물만 마시던 헤니는 얀이 준비한 요거트를 먹으며 행복해한다. 오늘 벨로라도로 가는 길은 무난한 코스다. 도중에 다섯 개의 마을을 지나는데 바도 있고 알베르게도 있다. 만일 가다가 힘들면 어느 마을에서든 걷기를 중단하면 된다. 낮은 구름이 안개처럼 드리워져 산 아래로 흘러다닌다. 밟기 좋은 고운 흙길은 지팡이 소리와 조화를 이룬다. 타닥대는 지팡이 소리는 내 심장의 리듬이 되고 걷는 리듬이 된다. "틱 탁 틱 탁", 좀 힘겨운 오르막과 내리막에서는 "티익 타악 티익 타악". 어느새 이 지팡이는 나의 또 다른 발이 되었다.

이제 라리오하를 지나 카스티야레온 지방으로 들어선다. 카스티야 지역임을 알리는 커다란 안내판이 경계지역에 설치되어 있다. 카스티야와 라리오하 두 지역의 경계인 벨로라도는 로마 당시에 자리 잡은 마을이다. 원주민인 카스티야인과 프랑스, 유대인, 무슬림의 네 민족은 각각의 전통과 법을 지키며 살았다. 기독교인들의 국토회복운동이 끝난 뒤에도 이곳의 많은 무슬림은 떠나지 않고 농사와 부동산 중개를 하며 살았다. 많은 프랑스인과 독일인이 산티아고 가는 길을 걷는다. 아마도 조상들의 이주 역사가 오랜 곳이기 때문이리라. 그렇지만 이슬람의 역사 역시 곳곳에 넘치는 이곳을 걷는 무슬림은 아직 보지 못했다.

　기적이 끊임없이 일어난다는 이 산티아고 가는 길에서 내게도 기적 같은 일이 벌어졌다. 아쉬운 마음에 고장 난 카메라를 다시 꺼내 만지작거렸더니 다시 작동을 하는 것이다. 나보다 얀과 헤니가 더 좋아한다. 툭 하고 작

동을 멈춘 카메라가 마치 말문을 닫아버린 딸처럼 마음의 짐이 되었는데
얼마나 다행스러운지….

훌륭한 자원봉사자 피터 부부

다시 한적한 밀밭 길로 접어든다. 한 남자가 노래를 부르며 걸어간다.
옷깃에 달린 꽃과 중절모에 꽂은 새털이 바람에 흔들거린다. 무엇이라도
발견했는지 가끔 땅바닥이나 풀숲을 자세히 들여다보기도 한다. "세월아

가거라. 흘러 흘러 가거라. 난 이 길에서 살리라." 그의 뒷모습은 그렇게 말하는 듯하다. 그는 길을 마음껏 즐기면서 가고 있는 중이다. 흥미로워서 한참 동안 그의 모양새를 살피며 걷다가 그를 지나치며 "올라!"라고 인사를 했다. 내 인사에 그는 한 손으로 느릿느릿 모자를 벗어 허공으로 반 바퀴 돌린 뒤 가슴에 얹고 한쪽 무릎을 살짝 굽히며 "봉주르~" 한다. 당황한 나는 얼떨결에 깊이 머리를 숙여 이 화려한 프랑스식 인사에 화답했다. 금방이라도 웃음이 터져나올 것 같아 냉큼 다시 걷기 시작했다.

벨로라도 알베르게는 스위스인 피터와 그의 아내 아그네스가 부부 자원봉사자로 일하는 곳이다. 벨로라도 알베르게. 숙박비 5유로. 침대 수 40, 46, 60 세 군데. 그들은 페퍼민트 차와 쿠키를 준비해놓고 숙소로 막 들어온 이들을 반갑게 맞아주었다. 피터가 순례자 증명서에 스탬프를 찍어준 뒤, 5유로의 기부금을 숙박비로 내고서는 옆 테이블에 앉아 아그네스가 준비한 차와 쿠키를 먹으며 기다린다.

장부 정리를 끝낸 피터가 테이블로 다가와 순례자들을 둘러보며 말했다. "지금 여기에는 네덜란드, 프랑스, 한국, 독일, 헝가리에서 오신 분들이 모여 있습니다. 제가 공용어인 영어로 계속 안내를 해도 되겠습니까?" 일제히 "오케이~"라는 대답이 터져 오른다. 자신을 소개한 피터는 부엌과 샤워장, 빨래터와 마을에 있는 인포메이션 센터의 위치 등을 설명해주었다. 그리고 "제 아내 아그네스가 여러분을 침대 있는 곳으로 안내해드릴 것입니다. 만나게 되어 반갑습니다. 좋은 시간 보내세요"라고 공손히 인사한 후 새로운 순례자들을 맞이하기 위해 카운터로 돌아갔다.

지금껏 이렇게 친절한 자원봉사자는 처음이다. 큰 헛간을 개조해서 만든 허름한 잠자리지만 이들의 훌륭한 안내로 마치 별 다섯 개짜리 호텔에 들어선 기분이다. 아그네스의 안내를 따르는 순례자들의 얼굴이 한결같이 환하다. 이들 부부가 베푸는 반듯한 봉사가 대접받는 느낌이 들도록 한 것이다.

　그때까지, 우리는, 몰랐다. 이곳에서 그토록 무시무시한 복병과 마주칠 줄이야! 결과부터 말하자면 그날 밤 그 방에 묵은 40여 명의 순례자들은 모두 제대로 잠을 자지 못했다. 코골이 대마왕 때문이다. 낮에 모자를 벗어 화려하고도 음전하게 인사하던 그 프랑스 남자는 밤이 되자 프랑켄슈타인으로 변신했다. 피곤에 지친 사람들은 대부분 크고 작게 코를 곤다. 나도 내가 코를 고는 것을 듣고 잠을 깬 적도 있다. 그렇지만 이 코골이 대마왕은 상상을 초월할 정도로 심각했다. 처음 그의 코 고는 소리를 들었을 때는 심장마비라도 온 줄 알았다. 그의 코 고는 소리는 서서히 거칠고 크게 오르다가 갑자기 숨이 뚝 끊어지듯 멈춘다. 잠시 숨 막히는 고요함이 흐른다. 그리고 다시 코골이는 시작된다. 처음에는 염려스럽다가, 나중에는 폭소가 터졌고, 그 후에는 길고 긴 불면의 밤이었다. 그 방에 묵었던 이들은 모두 이른 새벽에 보따리를 쌌다. 우리도 그랬다. 물론 사정도 모르는 그 코골이 대마왕은 계속 코를 골며 잘도 자고 있었고….

벨로라도 → 아헤스 (30km)

Belorado → Ages

떠돌이 개

오늘은 산을 하나 넘는다. 해발 800m쯤에 위치한 벨로라도에서 1,150m 의 고지로 올라야 한다. 밤새 잠을 설쳐 고단하기 짝이 없다. 지난 밤 같은 곳에 묵었던 순례자들과 길에서 만났다. 그중 한 명이 대마왕의 코 고는 소 리를 그럴싸하게 흉내 내는 바람에 한바탕 즐겁게 웃었다. 웃음 뒤에 간절 한 기도가 뒤따랐다. 다시는 그와 같은 숙소에 묵게 되지 않기를….

벨로라도를 떠나 한 시간쯤 걷자, 골프장과 콘도를 포함한 대규모 마을 조성 공사가 한창이다. 내년부터는 순례자들이 이 마을을 지날 때 좀더 편 리하고 깨끗한 시설을 갖춘 바와 레스토랑을 만날 것이다. 하지만 너무 큰 공사가 길과 마을의 정감어린 옛 정취를 훼손시키지나 않을까 적이 염려스 럽다. 새 마을이 형성되는 곳을 벗어나니 옹기종기 작은 집 몇 채가 나타난 다. 그곳의 바에서 아침을 먹자니 맘이 썩 편치 않다. 내년에도 이 작은 바 가 살아남아 상냥한 미소가 일품인 주인아줌마의 행복이 계속될 수 있을 까…. 개발은 늘 불가항력으로 보이지만, 한편으로는 이 길의 순례자들이 자그마한 이 바를 지켜내리라는 믿음이 일기도 한다. 그렇게 기도하는 맘으로 아침을 먹는다.

의사의 권고대로 길을 걷는 동안 헤니는 물을 자주 마신다. 얀이 큰 물통을 두 개 짊어지고 가다가 헤니의 작은 물통에 물을 채워준다. 그 덕분에 헤니는 더 이상 토하거나 무릎 통증을 호소하지 않는다. 물을 많이 마시면 화장실 또한 자주 가게 된다. 난 그게 불편해서 물도 맘대로 못 마신다. 이럴 땐 여자인 게 정말 싫다. (물론 이럴 때만~)

갑자기 밀밭 속에서 큰 개 한 마리가 튀어나오더니 내게로 득달같이 뛰어왔다. 아침에 먹다 남긴 하몽과 치즈 바게트 빵이 든 배낭 바깥 주머니를 노리고 달려든 것이다. 떠돌이 개가 쫓아오면 지팡이로 내쫓으라고 듀카가 일러준 적이 있다. 하지만 경황 중에 난 지팡이조차 던져버리고 비명만 질러댔을 뿐이다. 앞서 가던 얀이 뛰어와 개를 내치고 넘어진 나를 일으켜주었을 때에야 비로소 혼쭐난 가슴을 쓸어내릴 수 있었다.

진정하고 다시 걷는데 그 개가 졸졸 뒤를 따라온다. 한참을 보니 어지간히 순한 개다. 얼마나 배가 고프면 그렇게 달려들었을까 싶어서 녀석이 탐냈던 빵을 던져주었다. 맛나게 먹는 모습에 내 마음이 넉넉해진다. 순례자들 주위를 맴돌던 개는 곧 밀밭으로 다시 몸을 숨긴다. 밀밭을 경계지대로 하여 인간세상과 야생 사이를 오가던 그 개. '녀석…. 다른 순례자들 너무 놀래키지는 말거라~.'

벼룩이 있다네

얀의 가이드북에 따르면 산 후안 데 오르테가에 도착할 때까지 물과 먹을 것을 구할 수 없다고 한다. 그래서 비야프랑카에서 먹을 것을 준비하고, 바에서 커피를 마시고 있는데 뜻밖의 정보를 얻었다. 산티아고 길 중 최악

'잔인한 산'이라고 불리는 오카산을 네 살짜리 꼬마 순례자가 부모의 손을 잡고 넘어가고 있다.
이 가족은 단번에 순례길을 끝내는 것이 아니라 일종의 파트타임 순례를 할 계획이다.

의 알베르게 셋 중 하나가 산 후안 데 오르테가인데, 바로 거기에 벼룩이 있다는 것. 세상에, 벼룩이라니! 그 얘기를 들은 우리는 산 후안 데 오르테가를 건너뛰기로 했다. 그럼 다음 마을인 아헤스까지 4km를 더 가야 한다. 헤니에게는 무리였기에 그녀는 택시를 타고 가기로 했다. 얀은 헤니가 차를 타는 것을 확인해야 하기에 나는 일행들과 헤어져 먼저 언덕을 올랐다.

비야프랑카는 기원전 700년 전부터 로마 시대는 물론 무슬림의 지배를 받던 때나, 국토회복운동으로 재탈환되었을 때까지도 큰 마을이었으나 지금은 조그만 동네로 순례자들의 휴식처일 뿐이다. 오카산의 언덕과 계곡은 소나무와 오크나무가 줄을 지어 숲을 이루었다. 키 작은 관목 숲도 넓게 펼쳐져 있다. 숲이 깊은 만큼 야생 동물뿐만 아니라 도둑도 많아 아주 악명이 자자한 곳이다. 중세 때는 순례자 길임을 알리는 표시가 제대로 되어 있지 않아 이 산에서 많은 순례자가 길을 잃고 헤맸다고 한다.

산의 정상까지 4~5km 정도가 급경사의 언덕이다. 숨이 턱까지 차 헐떡거리며 언덕마루에 서면 깎아지른 절벽 같은 내리막길이 보이고, 그 길이 이내 다시 위로 꺾여 급경사의 오르막으로 이어진 것이 한눈에 들어온다. 마치 W를 뒤집어놓은 것 같은 지형이다. 탄식이 절로 터져나온다. 카스티야 사람들이 왜 이 산을 '잔인한 산'이라고 부르는지 납득이 간다.

네 살짜리 꼬마 순례자

건너편 언덕의 나무숲 사이로 뽀얀 속살 같은 길이 드러나는 순간, 나는 내 눈을 의심했다. 카메라 줌을 최대로 당겨 다시 확인하고서도 탄성이 솟는다. 이럴 수가! 말 그대로 '꼬마아이'가 누군가의 손을 잡고 걸어가는 것이다. 어서 만나고픈 마음에 후다닥 사진을 찍고 벌떡 일어나 서둘러 내리막길을 내려가 쉬지도 않고 바로 오르막길을 오르니, 어느새 엄마 손을 놓고 혼자 걷던 아이가 뒤돌아서서 나를 빤히 쳐다본다.

네 살짜리 사내아이다. 독일에서 온 이 가족은 열흘간의 휴가를 카미노에서 보내는 중인데, 아이는 온전히 스스로 걸어간다. 하루에 일곱 시간 정도를 별 투정 없이 잘 걷는다고. 부부는 아이의 리듬에 맞춰 돗자리를 펴서 낮잠도 자고 쉬기도 하며 하루하루 즐기며 걷는다. 단번에 이 순례길을 끝내려고 나선 가족이 아니다. 올해 어디에서 끝날지는 모르지만, 끝난 그곳에서 다음 해에 출발하고 또 그다음 해에도 그런 식으로 걸으며 산티아고 길을 아이와 함께 완성할 계획이다. 일종의 파트타임 순례인 셈이다. 아이의 리듬에 맞춰서 말이다.

지나는 순례자들에게 연신 종알거리는 아이의 표정은 해맑고 천진하다. 걷는 것을 진심으로 즐기는 모습이 하도 신통하고 어여뻐서 뭔가 주고픈 마음이 절로 솟는다. 기념품으로 가져온 책갈피를 건네는데, 아이 엄마 말로는 아이가 멘 배낭 속에 순례자들이 준 기념품과 간식이 잔뜩이라고 한다. 얀과 내가 앞서나갈 때 아이가 힘껏 흔들던 고사리 같은 손, 그 근사한 부모의 미쁜 웃음, 나는 왠지 큰 선물을 받은 기분이었다.

자녀 잉태와 치유의 기적이 있는 곳

산 후안 데 오르테가에 도착했다. 이곳에도 한 성인의 전설이 전해진다. 성인의 이름은 후안 벨라스쿠에스. 후안은 스승인 산토 도밍고를 도와 로그로뇨, 산토 도밍고 데 라 칼사다, 나헤라에 다리를 지었다. 스승이 죽은 후 후안은 이스라엘로 성지 순례를 갔다가 돌아오는 길에 난파를 당한다. 그는 성 니콜라스의 유품을 품에 안고 자신을 구해주면 남은 삶을 순례자를 돕는 데 바치겠노라고 기도했다. 간신히 목숨을 건진 그는 스페인으로 돌아와 위험하기로 악명 높은 오카산을 봉사구역으로 택해, 비야프랑카와 부르고스 사이의 길을 정비해 다리를 놓고 교회와 순례자 숙소를 지었다. 그리고 이곳의 이름을 오르테가라고 정했다. 라틴어의 엉겅퀴에서 유래된 말이다. 찔리면 절로 비명이 나오는 가시 많은 식물을 택한 걸 보니, 험난한 봉사를 자청한 그의 비장한 각오가 읽히는 듯하다. 보랏빛 아름다운 엉겅퀴 꽃은 가시 속에서 피어난다는 진리를 그 이름에다 담고 싶었을 테고.

그가 죽은 후 이곳에서 기적 같은 일이 생기기 시작했다. 산 후안의 무덤을 공개했을 때 하얀 벌떼가 날아오르고 상쾌한 향기가 진동했다. 사람들은 벌들이 아직 태어나지 못한 영혼이며, 그들이 신앙심 깊은 여인에게 잉태될 때까지 산 후안이 돌보는 것이라 믿었다. 아이가 없던 카스티야 왕국의 왕비 이사벨이 그 소식을 듣고 찾아와 왕국의 상속자를 얻게 해달라고 빌었다. 그리고 그곳의 상아 십자가를 기념품으로 갖고 돌아갔는데, 곧 왕자를 얻어 후안이라고 이름 지었다.

순례자들과 관련된 전설도 있다. 뒤틀린 팔과 다리가 치유된 프랑스인 순례자 이야기, 목발을 짚고 온 한 순례자가 자신이 치유될 때까지 무덤 앞에서 절대로 떠나지 않을 것이라 맹세를 하자 그 역시 목발을 버리고 떠날 수 있게 된 이야기 등, 오르테가는 전설의 땅으로 손색이 없다.

생전에 순례자들을 위해 그토록 헌신한 성인의 이름이 새겨진 곳이 지금은 벼룩이 득실대는 최악의 알베르게라는 오명에 시달린다니, 무덤에 계신 성인이 알면 벌떡 일어날 일이 아닌가. 이곳에서 묵은 독일 노부부를 만났는데, 그들도 아주 형편없는 숙소라며 목소리를 높인다. 산 후안의 업적을 아는 순례자들에겐 참으로 듣기 민망한 노릇이다.

산 후안 데 오르테가를 지나쳐 쭉 뻗은 산등성이를 걷는다. 조경이 잘된 공원 같은 길을 걷다 보니 어느새 오늘의 목표인 아헤스다. 먼저 차를 타고 떠난 헤니가 마을 입구에 서서 우리를 기다리고 있었다. 그녀 옆에 있

안의 누나 헤니가 아헤스에 먼저 도착해 마을 입구에서 기다리고 있다.
'산티아고 518km'라는 표지판을 보니 가슴이 벅차오른다.

는 '산티아고까지 518km'라는 표지판을 보니 가슴이 벅차오른다.

아헤스의 사설 알베르게는 깨끗했다. 아헤스 알베르게. 숙박비 8유로. 침대 수 40. 원할 경우 식사는 10유로. 샤워 시설도 좋고 빨래하기도 좋다. 한 시간 정도 더 걸어온 보람이 있다. 저녁 무렵 앞마당에서 쉬는데 눈에 익은 순례자 한 명이 휘파람을 불며 골목길로 들어선다. 그를 아는 이들은 서로 눈을 마주치며 고개를 설레설레 젓는다. 바로 코골이 대마왕님이다! 단 하나 남은 침대가 바로 내 윗칸임을 떠올린 나는 완전히 절망했다. 벼룩을 피해 여기까지 왔는데 보람도 없이 숙적 대마왕과의 동침이라니….

우리 심정을 아는지 모르는지 코골이 대마왕은 모자를 벗어 자신을 바라보는 이들에게 정중하게 인사를 하고 숙소로 들어갔다. 어런더런하던 분위기가 찬물이라도 끼얹은 듯 순식간에 얼어붙었다. 그런데 잠시 후 그가 다시 숙소 밖으로 나오더니 느릿느릿 걸어나가는 게 아닌가. 기념 스탬프만 받고 떠난 것이다. 그의 모습이 사라진 뒤 우리 모두가 왁자하게 한바탕 웃었음은 두말하면 잔소리!

아헤스 → 부르고스 (23km)

Ages → Burgos

천국의 풍경, '부엔 카미노'

새벽길을 걷는 것이 익숙해져 즐겁다. 눈을 떠 아침을 맞을 때는 여전히 힘겹지만, 막상 길 위에 서면 길과 하나 된 느낌으로 흥이 솟는다. 오늘도 산맥을 넘는다. 이 지역은 전체적으로 고원지대다. 아헤스를 벗어나 30분 정도 걸으니 아타푸에르카다. 아치형의 앙증맞은 작은 다리가 수풀에 가려져 있다. 앞서 말한 산 후안이 만든 다리인데, 지금은 쓰이지도 않는다. 알타미라에 버금가는 선사 유적으로 유명한 아타푸에르카지만, 지금 내게는 길의 유혹이 더 크나니….

짙은 운무에 둘러싸인 가파른 산등성이를 오른다. 하얀 운무 속에서 보라색 들꽃이 바람결에 부드러이 일렁인다. 하늘에서 내려온 계단을 타고 올라 막 천국문을 연 듯한 기분이다. 천국의 풍경이 바로 이러하리라. 환상처럼 펼쳐진 산등성이는 걷는 고통마저 잊게 한다. 안개 속으로 난 뽀얀 속살 같은 산 아랫길들이 어서 오라고 유혹한다. 마냥 주저앉고픈 산등성이에 대한 미련을 떨치고, 내리뻗은 유혹의 길로 기꺼이 빠져든다. 촉촉한

하얀 운무 속에서 보라색 들꽃이 바람결에 일렁이면 하늘에서 내려온 계단을 타고 올라
천국문을 연 듯한 기분에 휩싸인다.

공기는 들꽃 향기를 담고 내 몸 깊이 스며든다. 걷는 자에게 카미노는 이렇게 다양한 모습으로 노고를 보상해준다.

띠링, 띠링! 벨을 경쾌하게 울리며 자전거 순례자들이 다가온다. 짙은 운무로 앞에 가는 순례자를 가늠하기 어렵기 때문에 경고음을 들려주는 것이다. 그들도 한달음에 내려가기가 못내 아쉬운지, 내리막길 앞에서 "원더풀!"을 외치며 멈춘다. "부엔 카미노! 올라!" 안개 속으로 스며들던 그들의 외침처럼 이 '아름다운 카미노'의 한 장면은 결코 잊히지 않으리라.

스페인의 영웅 엘시드

부르고스로 접어드는 길, 기차며 화물차며 도시 풍경이 무척 생소하다. 부르고스 도심에 이르러 딱딱한 아스팔트길을 걷자니 여간 힘든 게 아니다. 산길, 들길에 익숙한 순례자에게는 유명한 이 도시가 반갑기 이전에 당황스럽다. 구시가지를 관통하는 순례길에서는 도로 공사 때문에 이정표 찾기조차 힘들었다. 한낮의 무더위 속에 다들 길을 찾느라 애를 먹다 보니 우리처럼 헤매는 무리들이 많다. 우리들은 마치 유년대 대원처럼 도심 외곽의 알베르게까지 줄지어 갔다. 피난민 수용소 같은 알베르게에 도착하자마자 모두 지쳐서 침대 위로 픽픽 쓰러진다. **부르고스 알베르게. 숙박비 3~5유로. 침대 수 108, 96, 18 세 군데. 인터넷 가능.**

한낮의 열기가 가라앉을 무렵에야 기운을 회복해 시내로 나갔다. 부르고스는 대영웅서사시의 주인공 엘시드의 역사가 깃든 도시다. 본명인 로드리고 디아스 데 비바르(1043~1099)보다도 엘시드로 더 널리 기억되는 인물이 태어난 곳. 엘시드는 이슬람교도인 무어인들이 이베리아 반도를 정복할 때 카스티야레온 왕국의 알폰소 6세를 섬기며 무어인들과의 전쟁을 승리로 이끈 전사다.

당시 부르고스엔 가톨릭을 믿는 스페인 사람들과 무어인들이 오랫동안 함께 살았다. 가톨릭의 나라인 카스티야레온 왕국이 국토회복을 주도하면서 이슬람의 무어인들과 전쟁이 벌어진다. 야전사령관 로드리고는 전쟁에서 승리를 거둔 뒤 무어인 족장 포로들도 스페인에서 함께 살았던 스페인 사람이라며 해방시켜주었다. 이에 감읍한 족장들은 그의 수하로 들어가 로드리고 장군을 '엘시드'로 불렀으니, 이는 아랍어로 '나의 주군'이란 뜻이다.

엘시드가 싸운 전쟁이 바로 레콩키스타Reconquista, 즉 이슬람 세력에게 빼앗긴 국토를 되찾자는 전쟁이다. 로마 시대에 스페인은 '제국의 빵바구니'였다. 로마군의 보급기지이기도 했던 터라, 평화는 보장되었다. 로마 멸망 후 이곳을 차지한 서고트족과 게르만족의 왕국 치하에서도 또 그럭저럭 살았다.

그러나 711년 이슬람 옴미아드 왕조의 침공으로 서고트 왕국이 붕괴되면서 이들은 비옥한 남부를 빼앗기고 고원과 산맥투성이인 이베리아 반도 북부로 밀려나 황폐한 삶을 살게 된다. 반대로 무어인들은 점령지에 농업과 상업, 도로, 항만, 화폐경제, 관료제 등 서비스 부분까지 능력을 발휘하여 경제를 일으킨 한편 세련되고 화려한 문화를 꽃 피웠다. 로마의 영향으로 가톨릭의 나라였던 스페인은 이슬람 세력의 풍요와 문화를 시기하며 전투적인 신앙으로 무장하기 시작했다.

그 시기에 야고보의 무덤이 발견되고, 야고보는 레콩키스타의 기수가 된다. 그렇게 시작된 긴 국토회복운동의 한 시기인 11세기에 영웅 엘시드가 등장해 대서사시의 주인공이 된 것이다.

찰톤 헤스톤과 소피아 로렌이 주연한 영화 「엘시드」를 어린 시절 TV에서 처음 볼 때는 별 역사적 지식도 없이 막연히 보았지만, 마지막에 엘시드가 죽는 장면만은 아주 인상적이었다. 엘시드는 발렌시아 탈환 전쟁에서 죽음을 맞이한다. 그는 죽어가는 자신의 몸을 그의 흰 말에 태워 앞장서서 나가게 한다. "내 죽음을 적에게 알리지 말라." 이순신 장군이 떠오를 법한 장면이다. 성인이 된 뒤 역사와 문학에 관심을 갖고 나서 이 영화를 여러 번 다시 보았다. 아마 그 무렵부터 언젠가 이 역사의 장소에 서리라는 꿈을 꾼 건지도 모르겠다.

유네스코 지정 세계문화유산인 부르고스 대성당에 들렀다. 대성당에서는 「산티아고 가는 길」영문가이드를 파는데, 내용이 아주 훌륭하여 추천할 만한 소책자다. 순례자는 1유로의 입장료만 내면 마음껏 구경할 수 있다. 스페인에서 세 번째로 크다는 부르고스 대성당은 거의 대부분 고딕 양식으로 지어졌다. 바로 이곳에 엘시드의 무덤이 있다. 눈에 띄게 우아한 르네상스 양식의 황금계단과 기둥에 묶여 있는 예수 그리스도의 상이 매우 독특해 인상적이었다. 제대로 보려면 2년이나 걸린다는 대성당 전체가 귀한 보석 상자 같았다. 성당보다는 박물관에 더 가까웠다. 짧은 시간 눈요기로 만족하고 나오려니 어찌나 아쉬운지, 화려한 고딕 장식으로 뒤덮인 성당의 파사드를 자꾸 뒤돌아보게 된다.

이베리아 반도의 무어인들

이슬람과 이베리아 반도의 인연은 길고도 각별하다. 이슬람의 예언자 마호메트(아랍어로는 무하마드)가 태어난 해가 570년. 일상인으로 25년을 산 그가, 15년의 명상 수행 끝에 알라의 계시를 받고 예언자로 거듭난 해가 610년이다. 박해를 피해 이주한 메디나의 이슬람 공동체를 근거지로 삼은 모하메트는 탁월한 정치가이자 유능한 군사지휘관, 명민한 지략가로서 수많은 아랍 부족과 유목민을 이슬람이란 이름으로 통일시키는 업적을 이룬

국토회복운동의 영웅 엘시드의 무덤이 자리한 부르고스 대성당.
제대로 보려면 2년이나 걸린다는 대성당은 전체가 귀한 보석 상자 같았다.

다. 아라비아 반도가 이슬람교로 통일된 후에도 포교 전쟁은 계속되었다. 동으로는 이라크와 이란, 북으로는 시리아와 팔레스타인, 서로는 이집트까지 진출하였다. 680년에는 북아프리카의 모리타니아가 이슬람 세력권에 편입된다.

모리타니아Mauritania는 오늘날의 알제리 서부와 모로코 북동부 지역이다. 모리타니아는 라틴어의 마우리Mauri에서 유래되었고, 이 모리타니아에서 무어Moor란 말이 나왔다. 무어인은 아프리카 북서부에 사는 무슬림으로서 8세기에 이베리아 반도를 침략하여 거기 정착한 베르베르인과 아랍인의 혼혈 민족을 말한다. 오늘날 무어인이라고 하면 모로코, 모리타니아, 아프리카 북서부의 이슬람교도와 아랍어를 사용하는 사람을 모두 가리킨다.

이 모리타니아는 아라비아 반도보다 더 혹독한 사막지대다. 그런데 지중해 건너 아주 가까운 이베리아 반도는 그들에게 젖과 꿀이 흐르는 지상 낙원이었다. 유혹의 땅을 넘보던 그들에게 기회는 왔다. 710년, 이베리아 반도의 서고트 왕국에서 반란이 일어났고, 반란군은 북아프리카의 회교 통치자에게 용병을 요청했다. 711년, 아프리카의 베르베르족과 아랍 귀족으로 구성된 부대를 이끌고 타리크 장군은 지브롤터 해협을 건넌다. 지브롤터는 '타리크의 산'이란 뜻인데, 타리크 부대가 이베리아 반도에 상륙한 곳이 '헤라클레스의 기둥'이라 불리던 높은 바위산이었던 데서 유래한 지명이다. 이렇게 하여 이슬람교도들이 이베리아 반도에 발을 들여놓게 된다.

그 뒤 북아프리카와 이슬람 군소왕국들이 이베리아로 침입해 자신들의 왕국을 세우며 이베리아 반도 북쪽까지 밀고 올라갔다. 예언자 마호메트의 깃발 아래 이베리아 반도를 지배하게 된 것이다. 1492년 1월 2일, 이슬람의 그라나다 왕국의 마지막 이슬람 왕 보압딜이 알람브라 궁전의 열쇠를 카스티야 왕국의 이사벨 여왕과 페르난도 왕에게 넘겨주고 북아프리카로 떠날 때까지, 800년간 이베리아 반도를 통치한 무어인들의 왕국은 찬란한 이슬람 문화의 꽃을 활짝 피워놓고 떠나갔다. (산티아고 가는 길 가운데 남에서 북으로 가는 카미노 모사라베를 가면 코르도바의 '메스키타' 유적, 세비야, 그라나다 등지에서 이런 무어인들의 문화를 볼 수 있다.)

부르고스 → 오르니요스 델 카미노(21km)

Burgos → Hornillos del Camino

흐르는 강물처럼

부르고스의 아침 숙소는 고향으로 떠나는 이들과 산티아고로 떠나는 이들, 며칠 쉬기 위해 숙소를 옮기는 이들로 나뉘졌다. 길게는 보름, 짧게는 일주일을 함께 먹고 자고 걸었던 친구들이 이별의 인사를 나누는 아침이다. 짧은 휴가 일정으로 여기까지 걸어온 순례자들은 내년 휴가 때 다시 이곳에서부터 순례를 시작할 것이다. 이들을 단기 순례자(파트타임 페레그리노)로 분류한다. 부르고스는 산티아고 길의 중간거점답게 이렇게 떠나는 이와 새롭게 시작하는 이들이 많은 곳이다.

산티아고 가는 길은, 곳곳에서 흘러 들어오고 나가는 작은 물줄기를 품어 안는 큰 강물과 같다. 생장에서 혹은 팜플로나나 부르고스에서 순례자들은 길을 떠나기도 하고, 출발하기도 하면서 길 위를 강물이 흐르듯 걷고 있는 것이다. 오늘도 우리는 흐르듯 길에 들어섰다. 도시를 닮아 화사한 들판이 펼쳐진다. 내 한 몸이 길과 동화되어 걷는 것 자체가 기쁘고 행복할 뿐이다.

오르니요스는 아주 작은 마을이다. 주민 수라고 해봤자 대략 20명 남짓. 고대부터 형성된 마을인데, 지금은 겨우 몇 가구 남아 있는 주택 사이로 순례자의 길이 지나가는 것이다. 알베르게오르니요스 델 카미노 알베르게 숙박비 5유로. 침대 수 32.의 할아버지 자원봉사자는 가스보일러가 고장 나서 분주하게 오가는 중이다. 결국 고치질 못해 찬물로 씻어야 할 형편이지만 그것을 불평할 처지가 아니다. 35명 정도를 수용하는 이곳이 벌써 만원이 되어버렸으니! 민박 구하기도 실패한 이들은 선글라스 없이는 눈도 뜰 수 없는 뙤약볕 아래로 13km를 더 가야 하는 아찔한 상황에 직면해야 한다.

알베르게 앞은 이 작은 동네의 앙증맞은 중심이다. 씻고 빨래를 마친 순례자들은 바에 설치된 파라솔 아래 모여 시원한 맥주나 와인을 마시며 대화를 나눈다. 마을 주민 대부분은 노인이다. 젊은이라곤 순례자들을 상대하는 레스토랑이나 바의 경영자들뿐, 온통 노인들만 남아 쇠락해가는 마을. 남편과 사별하고서 검은 옷을 입고 지내는 할머니들. 저녁이 되자 동네 분들이 다 나오셔서 벤치에 앉아 우리들을 바라보며 시간을 보낸다. 무연한 노인들의 시선을 지켜보고 있자니 자연스레 노인들만 남은 우리네 농촌 풍경이 떠오르고, 이내 맘 한구석이 묵지근해진다. 스쳐지나가는 순례자들이 이 분들의 유일한 벗이요 낙인 것일까….

얀은 동쪽을 바라보며 그의 아내 마르야와 달콤한 통화를 하고 있다. 마르야는 혼자 사는 시어머니를 자주 찾아가 말벗이 되어주고 시누이 헤니와도 아주 친하게 지낸다고 한다. 얀과 마르야는 중학교 시절에 만났다. 화가인 마르야도 남편과 함께 이곳에 오고 싶어했지만 관절염 때문에 도보 여행이 힘들다고 한다. 마르야는 우리가 산티아고에 도착하기 사흘 전쯤 그곳에 도착해서 우리를 기다릴 예정이다. 사랑하는 아내와 통화를 하는 얀의 표정이 더할 나위 없이 평화롭다. 내 카미노 친구의 얼굴 위로 번지는 행복한 미소….

오르니요스 델 카미노 → 카스트로헤리스(20km)

Hornillos del Camino → Castrojeris

나만의 노란색 화살표

짧게 일정을 잡고 쉬었음에도 쌓이고 쌓인 피로가 스멀스멀 기어오른다. 늪으로 가라앉듯 온몸이 땅바닥으로 스며드는 기분이다. 마을을 벗어나자마자 바로 오르막길이 버티고 선다. 주변은 밀과 땅콩 밭이다. 길고 긴 산등성이를 두 시간째 걷고 있다. 이 지역 자체가 고원지대인 메세타이기 때문이다. 메세타 고원지대는 레온에 이르기까지 200km가 넘도록 길게 이어진다. 나무도 거의 없는 키 작은 풀숲이 끝도 없이 펼쳐진다.

산볼Sanbol 알베르게쯤을 지날 때 캔자스시티에서 온 미국인 부부를 또 만났다. 어제 식당에서도 본 이들이다. 이 커플이 어느 영국인과 식사를 하고 있던 그 식당은 테이블이 몇 안 되는 마을의 유일한 식당이었기에 줄을 서서 기다려야 했다. 배고픈 순례자가 문밖에서 기다리기 때문에 다들 식사를 마치면 곧바로 일어난다. 그런데 이 부부는 계속 테이블을 차지하고 수다에 하세월이었다. 그것을 본 다른 순례자가 들락거리며 눈치를 주는데도 말이다. 결국 주인이 양해를 구하고서야 자리에서 일어났다. 이들을 며칠

네덜란드에서 온 얀과 혜니는 남매다. 혜니는 유방암 수술을 했고 회복하는 중에 이곳에 왔다.
누나를 혼자 보낼 수 없어 동생 얀이 함께 왔다. 이들과 함께 산티아고를 걷게 된 것은 내게 기쁨이었다.

지켜봤는데 다른 일행들도 다들 얌체 같다며 이 부부를 좋아하지 않았다.

앞서 가는 프랑스 커플도 보인다. 이 커플도 독특하다. 남자는 여자를 마치 공주 모시듯 대한다. 남자가 세탁을 할 때면 여자는 남자 옆에서 지켜만 본다. 그녀가 남자에게 받는 대접이 남달라 눈총을 받을 때가 종종 있었다. 오늘은 여자의 큰 가방마저 그의 몫이다. 앞과 뒤로 큰 가방을 멘 남자가 힘겹게 걷는 것이 안쓰러워 보인다. 미국 커플도 그렇고, 프랑스 커플도 그렇고, 산티아고 길을 걸어가면서도 평소 생활 습관을 버리지 못하는 이들을 보면 안타까움을 넘어 그저 딱하고 한심하다. 설마 이게 질투는 아니렸다?

멀리 성당과 마을이 보인다. 마을로 들어서는 긴 도로는 아스팔트도 아닌 콘크리트로 덮여 있다. 이런 길을 걸을 때는 피로도가 흙길의 곱절이다. 발길을 떼지 못할 만큼 힘이 들고 다리가 저렸다. 어깨는 찢어질 듯 아프고, 자꾸만 뒤처진다. 얀은 그런 나를 위해 모퉁이마다 서서 내가 나타날 때까지 기다리다가 내 모습이 보이면 다시 걷기 시작한다. 길을 잃지 않도록 하는 고마운 배려. 갈림길에서 순례자들에게 나아갈 방향을 일러주는 노란색 화살표. 나만의 움직이는 노란색 화살표, 얀…

시에스타에 익숙해지다

카스트로헤리스의 여러 알베르게카스트로헤리스 알베르게. 숙박비 5유로, 아침 4유로, 저녁 6유로(별도 예약. 식사 강추~!). 침대 수 32. 알베르게 두 군데가 더 있다. 가운데 론세스바예스처럼 네덜란드인들이 자원봉사 하는 곳으로 갔다. 귀에 익은 휘파람 소리가 우리를 반긴다. 며칠 보지 못했던 듀카가 수영 팬티 바람으로 선탠을 하다가 반갑게 우리를 맞는다. 그는 어제 도착해서 오늘 하루 더 쉰다고 한다. 적당히 걸었더니 내 무릎 통증은 많이 좋아졌는데 쌓인 피로로 온몸이 욱신거린다. 몸은 고통으로 내게 경고한다. 쉬라고. 좀더 쉬라고.

뜨거운 햇살을 가려주는 그늘 아래, 긴 비치용 플라스틱 침대 위에 눕자 들꽃 향기를 머금은 바람이 부드럽게 몸을 감싼다. 나뭇잎 사이로 스며드는 초여름 햇살은 그늘 속까지 훈훈하게 덥혀준다. 기분 좋게 낮잠을 잤다. 스페인에서는 스페인의 법을 따르라! 나도 시에스타에 익숙해지고 있다.

이 알베르게에는 캠핑카로 여행하는 이들도 묵을 수 있다. 가스와 물을 차에 연결해 쓸 수 있으며, 샤워 시설도 이용 가능하다. 알베르게 뒤편에 각각의 독립공간으로 구획된 잔디밭에 두 대의 캠핑 차량이 서 있다. 노부부 한 쌍이 캠핑카 앞에 파라솔을 펼쳐 놓고 책을 읽는다. 다른 차 앞에서는 중년의 부인이 스케치를 하고 남편은 그런 그녀의 모습을 카메라에 담고 있다. 그들이 데려온 개는 사방팔방 뛰어다니며 분주하다. 나에겐 캠핑카를 타고 아프리카 여행을 하고픈 꿈이 있다. 얀은 유럽에서 캠핑카를 렌트해 여행하는 것은 흔한 일이며, 그도 아내와 휴가 갈 때는 캠핑카를 이용한단다.

광궤열차의 나라, 스페인

알베르게의 저녁시간이 다가온다. 자원봉사자들이 분주하게 움직일 때마다 세 개로 나뉜 식탁 위에 가지런히 저녁상이 차려진다. 식사가 나오기 전에 한 봉사자가 인사를 했다.

"공용어인 영어로 말씀드리겠습니다. 이해해주시리라 생각합니다. 저는 다니엘입니다. 이 쪽은 저와 함께 봉사를 하는 마리아와 미아입니다. 여러 나라에서 오신 여러분을 위해 식사를 정성껏 준비했습니다. 괜찮으시다면 여기 계시는 모든 분이 건강하고 안전하게 산티아고에 도착하길 바라는 기도를 하겠습니다."

　이런 정중한 대접을 받으면 아무리 소박한 밥상이라도 누구에게나 성찬처럼 느껴질 것이다. 식사를 마치자 자원봉사자 대표인 다니엘이 가벼움을 강조하며 작은 미니수첩 크기의 책자를 건넨다. 기념선물인 성서 이야기인데, 한국어판은 없다면서 영어, 독어, 프랑스어판 중에 영어판을 내게 건네며 미안해한다. 고맙기도 하여라.

　디저트까지 다 먹은 후에도 식탁의 화기애애한 분위기는 느긋하게 무르익는다. 내 앞자리의 수다쟁이 스웨덴 청년이 철도에 관한 이야기를 꺼냈다. 스페인 철도 시스템이 유럽과 다르다는 것. 왜 그들이 그런 선택을 했는지 문자 모두들 잘 모른다고 하기에 내가 아는 스페인 철도의 역사를 간단하게 설명해주었다.

　기차로 세계 여행을 꿈꾸었던 나는 철도 역사를 공부한 적이 있다. 철도 레일의 간격은 표준궤와 그보다 넓은 광궤, 좁은 협궤로 나뉜다. 유럽 각국은 표준궤를 쓰지만, 스페인 철도는 유독 광궤를 사용한다. 나폴레옹 군대에 유린당한 경험이 있는 스페인은 프랑스가 철도를 타고 피레네를 넘어 침략해올 것을 염려했다. 국왕은 프랑스와 다른 광궤 철도를 건설하도록 명령했다.

　하지만 이 결정은 큰 불편을 초래했다. 국경에서 번거롭게 갈아타야 하는 불편과 화물 수송에 큰 장애가 발생한 것. 그래서 개발한 것이 스페인 국철인 탈고Talgo다. 탈고는 폭이 다른 레일에서도 운행이 가능하도록 설계된 특급열차로서, 이 열차를 개발한 과학자 두 사람의 이름을 따서 붙여졌다. 그 탈고를 타고 그라나다에서 바르셀로나까지 간 적이 있는데, 탈고가 아니면 국경을 넘어 프랑스나 이탈리아로 기차여행을 할 때 국경에서 갈아타야만 하니 번거롭다.

카스트로헤리스 → 보아디야 델 카미노 (20km)

Castrojeris → Boadilla del Camino

순례자의 지팡이 소리로 깨어나는 골목길

카스트로헤리스의 아침 식사는 저녁만큼 훌륭했다. 아침을 준비한 이는 다니엘이다. 그는 사람을 대하는 공손함과 정중함이 몸에 배어 있는 사람이다. 여러 종류의 햄, 빵, 삶은 계란, 주스와 커피가 푸짐하다. 다니엘에게 정성스러운 대접을 받았다고 느낀 순례자들은 잊지 않고 그에게 감사의 마음을 전했다. 현지인이 자원봉사를 하는 알베르게는 대부분 사무적이고 불친절했다. 다니엘 같은 자원봉사자를 만나는 것은 마음 따뜻한 행복을 느낄 수 있어 행운이라 생각한다.

헤니와 얀은 순례가 끝나면 자원봉사를 할 작정이다. 네덜란드 순례자 협회에 자원봉사신청서를 보내면 그곳에서 신청자들의 기간을 조정한 뒤 연락한다는 것. 그들이 자원봉사 신청을 할 때 나도 함께 해달라고 부탁했다. 우리 셋은 멋지게 자원봉사를 해내자고 약속했다. 다니엘처럼 순례자들의 마음에 힘이 되는 봉사를 할 생각을 하니 저절로 신이 난다.

주민 수보다 더 많은 순례자가 마을에 묵었다가 두런거리는 소리와 탁

탁거리는 지팡이 소리로 새벽을 깨우며 떠난다. 노란 조개무늬 화살표가 새벽 햇살을 받아 동그마니 화사하다. 개울물 속 수초에는 개구리가 떼를 지어 울음 짓고 있다. 소란스러운 소리만큼이나 덩치도 커서 뒷다리가 어린 닭다리만 하다.

오늘 걷는 메세타 고원지대도 걸을 만하다. 오르막길을 올라서니 운동장 같은 평원이 가없이 펼쳐진다. 아주 멀리 남쪽으로 산등성이를 따라 하얀 풍차들이 줄지어 서서 힘차게 바람을 맞고 있다. 부드럽고 넓은 밀밭이 바다처럼 출렁거리는 분지. 그 밀밭 사이로 오늘도 나는 걷는다.

마을 독립을 기념해 교수대를 세우다

제법 강폭이 넓은 강이 나타났다. 이 파수에르가 강을 사이로 해서 부르고스와 팔렌시아가 나뉜다. 강에 설치된 다리는 11개의 아치를 가졌을 정도로 길다. 11세기에 세워진 이래 수차례 재건축된 것이다. 저 강을 건너 과거 로마의 금은창고이자 빵바구니였던 풍요한 자원의 땅이면서 동시에 악덕배들이 득실대던 곳을 지나게 될 것이다. 다리를 건너니 깔끔하고 세련된 돌 이정표 위에 팔렌시아 지방에서 통과하게 될 11개의 마을 이름이 순서대로 돌에 새겨져 있다.

멀지 않은 거리에 위치한 보아디야 델 카미노에 도착했다. 마을 중앙에 들어서니 멋진 탑이 자리를 잡고 있다. 그 바로 앞이 성당이고 맞은편이 사설 알베르게다. 보아디야 델 카미노 알베르게(사설). 숙박비 5유로. 침대 수 48. 식사는 예약 시 8유로. 인터넷 가능. 털털하고 익살맞은 알베르게 주인은 손님들 가방을 직접 들어주며 방으로 안내한다. 순례자들은 침대부터 배정받고 사무실로 와 숙박 절차를 밟도록 배려한 규정 덕분에 기다리는 불편을 덜었다며 다들 좋아한다.

마당의 수영장에서는 비키니 수영복을 입은 헝가리와 독일 아가씨들이

알베르게 마당 수영장에서 한가로이 수영을 하거나 선탠 하는 여행자들.

비명을 지르면서 풍덩거리느라 북새통이다. 얀은 몸을 골고루 태워야 한다며 수영 팬티만 입고 햇살 아래 누웠다. 난 종아리와 팔이 많이 탔고, 시계를 찬 곳은 또 하얗다. 게다가 얼굴은 안경 쓴 자리만 둥그러니 하얗게 남기고 타 안경을 벗으면 얼룩 강아지 같아 보여 우스웠다. 나도 얼굴을 고루 태우려고 안경을 벗고 누웠다. 그늘 아래지만 반사되는 빛으로도 충분히 선탠이 가능하다.

키가 작은 헝가리 할머니께서 내 옆 침대에 자리를 잡았다. 할머니를 비롯해 이곳에서 만난 헝가리 사람들 대부분은 모두 영어를 잘한다. 할머니는 오늘 새벽 3시에 출발해 40km나 걸어 이곳에 도착했다. 먼 길을 왔음에도 아직 기운이 남아 있는지 좀 쉬려고 누운 내게 계속 말을 건다. 혼잣말처럼 중얼거리는 할머니의 영어를 듣고 있기 너무 피곤해서 할머니를 피할 겸 숙소 앞의 탑으로 나왔다.

꽃과 조개로 장식된 화려한 탑을 한 바퀴 돌고 성당 앞을 기웃거리는데 마침 할아버지 한 분이 막 성당 문을 연다. 나를 본 할아버지의 손길에 이끌려 성당 안으로 들어가 내부를 구경하는데, 한 무리의 아이들이 교사의 인도를 받으며 줄 지어 성당 안으로 들어온다. 나도 아이들 무리에 섞여 따라다녔다.

성당을 다 본 아이들은 그 멋들어진 탑 앞에 모여 선생님의 설명을 진지하게 경청한다. 선생님의 설명이 끝나자 할아버지는 쇠 벨트를 탑에 걸었다. 학부형 중 한 사람이 대표로 그 탑에 올라섰다. 이 아름다운 탑의 정체는 중세에 만들어진 끔찍한 교수대이다. 15세기 후반 이 마을이 옆 마을의 영주에게서 독립된 것을 축하하기 위해 광장에 세운 것이다. 마을에서 생긴 범죄자를 귀족들의 간섭 없이 처형하는 데 이 탑이 쓰였다는 것인데, 마을 독립 기념으로 교수대를 세웠다는 게 그저 놀라울 따름이다.

어제와 달리 오늘 저녁은 완전 어수선하다. 좁은 방, 많은 사람, 온갖 언어로 떠드는 수다! 속이 울렁거려 식사가 나오기 전까지 밖으로 들락날락거리며 바람을 쐬어야 할 지경이다. 다른 순례자들과 반대로 서쪽 끝 피니스테레에서 순례를 시작한 중년의 네덜란드 여인을 만났다. 산티아고를 거쳐 여기까지 온 그녀는 어느 날 교사로서 가르치는 일에 자신의 열정을 모두 소진시키고 말았다는 생각이 들었다. 그 즉시 교사직을 그만두고 산티아고 길에 들어선 것이다. 육체는 피곤으로 지치지만 영혼은 새로 불타오르는 것을 느낀다는 그녀. 저녁 먹는 내내 사람들과 쉴새없이 얘기를 나누는 그녀는 넘치는 에너지와 엔돌핀을 내뿜었다. 자아를 되찾아가는—아니, 결심하는 그 순간 이미 완벽히 되찾은 듯한—그녀의 모습은 스스로 반짝거린다. 마치 영화 「누구를 위하여 종은 울리나」에 나오는 여장부처럼….

보아디야 델 카미노 → 카리온 데 로스 콘데스 (25km)

Boadilla del Camino → Carrion de los Condes

82세의 첼리스트 뢰네

동트기 전에 일어났다. 바람은 거칠고 추위는 매섭다. 겉옷을 있는 대로 다 꺼내 입었다. 세찬 바람에 걷기조차 버겁다. 밀밭은 마치 황금빛 파도가 일렁이듯 바람에 쓰러졌다 다시 일어선다. 어두운 하늘 동쪽 끝으로 검붉은 줄이 그어진다. 서쪽을 향해 걷는 순례자들의 등 뒤로 해가 뜨기 시작하는 것이다.

카스티야 수로를 따라 걷자 얼마 지나지 않아 프로미스타를 알리는 표지판이 나왔다. 내겐 로마제국 시절 레바논의 바알벡과 함께 '제국의 빵바구니' 중 하나로 기억되는 도시다. 기념으로 프로미스타의 바에서 맛난 빵으로 아침 식사를 해보고 싶었는데 문을 연 곳이 없어 아쉽다.

프로미스타를 지나 도로와 나란히 걷는데 정말 무료한 길이다. 때마침 스웨덴 할아버지 뢰네가 보였다. 그는 82세로 눈에 띄게 나이 들어 보이기 때문에 사람들이 그의 나이를 물어보는 일이 잦았다. 뢰네는 아예 모자에 나이를 써붙여야겠다고 말해 나를 웃겼다. 수다쟁이 스웨덴 청년이 뢰네가 스웨덴에서 유명한 첼리스트라고 알려줬다. 평생 첼로를 연주하며 살아온 뢰네는 왼손 약지와 중지가 굽었다. 뢰네는 아내도 평생 바이올린을 연주해서 목과 어깨에 문제가 있다고 했다.

뢰네는 브라질의 상파울로에서 태어나 자랐다. 캐나다의 퀘백에서도 살았다. 부모님은 이탈리안이다. 그래서 그는 언어를 배울 기회가 많았다. 영어, 프랑스어, 스페인어, 포르투갈어, 독어, 스웨덴어를 자유롭게 구사했다. 그는 언어가 통하지 않아 불편을 겪는 사람들을 자주 도와준다. 그는 매일 일찍 출발하지만 걸음이 느린지라 늘 추월당하며 뒤처져 걷는다. 물집으로 고생도 많이 했다. 최선을 다해 걷고 있다는 것을 잘 알기 때문에 그의 앞을 지나쳐야 할 때마다 송구한 마음이 든다.

숙소에서 뢰네를 만나면 그의 발과 손을 살피고, 어깨도 주물러 드리고, 혹시나 도움 될까 갖고 왔던 관절 패치도 붙여주곤 한다. 얀이 헤니에게 해주듯이 말이다. 뢰네 역시 나를 어린 딸처럼 대한다. 스페인 카탈루냐 출신 카잘스와 멋진 카탈루냐 음악당, 로스트로포비치와 요요마, 장한나 등으로 이어지는 그와의 대화는 즐겁다. 파블로 카잘스가 연주한 바흐의 「무반주 첼로곡」을 끔찍이 좋아하는 나로서는 그가 들려주는 첼로 연주자들 얘기가 흥미진진하기 이를 데 없다. 카잘스는 대단한 애연가로 평생 파이프 담배를 입에서 떼지 않았다고 한다. 뢰네 자신은 평생 담배를 입에 대지 않았다고 덧붙이면서.

이 지루한 메세타를 걸으며 지금 뢰네는 무슨 생각을 할까? 내가 뢰네라면 평생 동안 연주했던 곡들을 하나하나 기억해서 물결치는 밀밭 위로 펼칠 것 같다. 내가 그를 "뢰네!" 하고 솔~미~의 음정으로 부르면 그는 "오, 킴! 킴!"이라고 솔~도~도~로 응수한다. 서로를 격려해주고 숙소에서 만날 것을 기대하며 난 그를 앞서 간다.

모국어 수다

알베르게는 여러 곳이지만 함께 걷는 우리 일행은 약속이라도 한 듯 늘 같은 알베르게로 모인다. 내가 알베르게로 들어서자 카리온 데 로스 콘데스 알베르게. 숙박비 5유로. 침대 수 170, 58, 31 세 군데. 로비에 앉아 있다가 "오, 나의 가족"이라며 반기는 그들. 자원봉사자가 반가운 얼굴로 내 침대로 와서 한국인 한 명이 더 왔다고 알려준다. 드문 한국인이 오늘 두 명씩이나 왔으니 서로 만나면 매우 반가우리라 기대하고 말이다.

만나고 보니 며칠 전 어느 알베르게 방명록에서 보았던, 이틀 정도 거리를 앞서 가던 여학생이다. 감기로 고생하느라 걷는 거리를 짧게 줄여 걸었기 때문에 뒤따라오던 나와 만나게 된 것이다. 카리온 데 로스 콘데스! 우리는 거기서 순례 시작 후 처음으로 한국말로 수다 보따리를 풀었다. 새로운 언어에 대한 호기심 가득한 눈빛으로 우리를 지켜보는 듀카를 옆에 두고. 20여 일 만에 봇물 터진 두 여자의 모국어 수다는 끝이 없다.

카리온 데 로스 콘데스 → 테라디요스 데 템플라리오스 (27km)

Carrion de los Condes ⟶ Terradillos de Templarios

헤니의 두려움

오늘은 헤니와 듀카, 독일 할머니 한 분이 버스를 타고 다음 목적지까지 간다. 버스는 하루에 한 번 지나간다. 아직 잠들어 있는 헤니와 듀카를 위해 얀과 조용히 알베르게를 빠져나왔다. 며칠째 메세타에서 맞는 이른 아침은 얼어붙을 듯 쌀쌀하다. 몸을 덥히려고 부지런히 걷는 도중 얀이 어젯밤 헤니가 운 사연을 꺼낸다. 저녁 식사 때까지만 해도 즐겁게 얘기를 나누던 헤니가 숙소로 들어와서는 동생 얀의 품에 안겨 소리 없이 흐느끼고 있었다. 걱정스레 묻는 내게 얀은 나중에 말하자는 표정을 지었다.

헤니 남매의 어머니는 92세의 고령임에도 건강하게 살아계신다. 수술에서 회복된 지 얼마 안 된 딸이 먼 길을 걷는 것을 무척 걱정하고 계시다가 지난밤 전화를 하신 거다. 어머니와 통화를 하다가 헤니는 친구의 부고를 듣게 된다. 헤니처럼 유방암 수술을 받은 친구가 둘 있었는데, 그중 한 사람은 이미 세상을 떠났고, 남은 친구마저 어젯밤 운명한 것이다.

헤니는 부모님 중 아버지 쪽의 체질을 닮았고 얀은 어머니 체질을 물려

받았다고 한다. 어머니는 건강하지만, 불행히도 아버지께서는 건강치를 못했다. 유방암 수술 후 몸보다 마음이 더 약해진 헤니는 자신이 아버지처럼 병들어 일찍 죽으리라고 생각하곤 한다. 가뜩이나 불안한 헤니인데, 친구의 부음을 접하고는 슬픔과 두려움이 뒤섞인 감정이 복받쳤던 것이다. 마음이 아프다.

일찍 출발한 뢰네를 만나자 얀은 주머니에서 골프용 장갑을 꺼냈다. 어제 알베르게에서 뢰네의 손바닥이 충혈되고 약간 찢어진 것을 보았나 보다. 부지런히 걸어간 얀이 조심조심 뢰네의 손에 장갑을 끼워준다. 뢰네는 고마워하며 헤니를 걱정한다. 서로가 나누는 배려와 염려로 걷는 길은 결코 외롭지 않다. 이 길을 걸으며 늙어가는 것도 즐거운 일이리라 생각해본다. 한국의 칠팔순 노인들이 스스로 이렇게 봇짐 짊어지고 걸어가는 먼 여행을 상상이나 할 수 있을까? 늙은 부모님께서 먼 길을 걷기 위해 타국으로 떠난다면 가족들은 어떤 반응을 보일까?

"얀! 한국에서는 뢰네 같은 82세 노인이 산티아고 길을 걷는다고 하면 절대로 못 가게 말릴 거야. 나라도 우리 아버지가 이 길을 걷는다고 하면 말렸을 거고. 내가 그 나이에 걷겠다고 하면 내 딸도 말릴 거야. 너의 가족은 어떨 것 같아?" 얀은 즉시 아들에게 전화를 해서 묻는다. "우리 아들은 나하고 같이 걷겠다고 하네. 그리고 나도 뢰네의 자식들처럼 아버지를 말리지 않았을 거야."

내일을 위해서, 편안한 잠을 위해서 건배!
우리가 숙소인 테라디요스에 도착했을 때 마침 카리온에서 출발한 버스도 도착했다. 테라디요스 알베르게. 숙박비 7유로. 침대 수 25. 독일 노부부와 헤니 남매, 듀카와 나, 이렇게 여섯 명이 한방을 쓰게 되었는데, 이건 숫제 병실이 따로 없다. 할머니의 발목과 듀카의 무릎은 퉁퉁 부어 있었다. 안타까운 마음에 할머니의 발에다 알로에 크림을 발라 조심스럽게 마사지 해드렸다. 뢰네와 헤니의 발바닥은 따뜻한데 할머니의 발바닥은 얼음처럼 차갑다. 정성스럽게 발을 주무르고는 통증 완화 크림으로 마무리했다. 내가 봐도 마사지 실력이 날로 발전하는 것 같다. 할머니가 매우 만족해하자 잘 웃지도 않고 말도 없던 할아버지께서도 처음으로 나에게 환한 미소를 건넨다. 작은 정성에 몇 곱의 인사를 받으니 오히려 쑥스럽다. 여닫을 때마다 삐걱대는 우리 숙소 문짝이 성가신데다 다루기 힘이 들었는데 목수 일을 하신 할아버지가 잠시 손을 보자 언제 그랬냐는 듯 부드러워졌다. 할머니가 그런 할아버지를 어찌나 자랑스런 눈길로 바라보았는지 상상하시겠는가.

피곤에 지쳐 점심도 굶고 늘어지게 잠을 잤다. 내 배에서 나는 꼬르륵거리는 소리에 놀라 잠에서 깼다. 이곳에서는 평소보다 먹는 양도 많을뿐더러 자주 먹는데도 종일 배가 고프다. 친구들은 산티아고에서 돌아오면 살이 많이 빠지겠다고 했지만, 지금까지는 꾸준히 살이 찌고 있는 중이다. 나와 같은 순례자가 많다. 모두들 하루 종일 배가 고프다고 칭얼댄다.

테라디요스의 알베르게에서 마련한 저녁 식사에 모인 얼굴들은 대부분 늘 함께 다니는 익숙한 얼굴들이다. 네 사람의 새로운 얼굴이 보이는데 일본인 셋과 영국인이다. 일본인 노부부는 브라질 이민자이고, 일본 청년은 스페인에서 유학 중인 학생이다. 영국인은 열흘간의 휴가를 이용해 파트타임 순례를 하는 사람이다.

식사가 끝난 뒤 기타 반주에 맞춰 올드팝을 부르며 흥겨운 시간을 가졌다. 시작은 늘 우리가 '블루'라고 부르는 프랑스 친구의 샹송이지만, 솔직히 그의 노래는 재미없고 우울하다. 블루의 기타가 다른 순례자의 손으로 넘어가면 대중적인 올드팝이 연주되어 함께 노래하는 즐거운 분위기가 된다. 아일랜드 출신인 도널의 목소리는 가늘면서도 애잔한데 특히 컨트리 음악을 멋지게 소화해 인기가 좋다. 알고 보니 도널은 더블린의 펍에서 정기적으로 공연하는 가수라고 한다. 뢰네는 저녁 식사 때면 와인을 좀 많이 마시는 편이다. "내일을 위해서! 편안한 잠을 위해서!"라며 잔을 들어올린다. 그러더니 살짝 오른 취기를 빌려 「오 솔레 미오」를 미성의 고음으로 멋지게 불러 탄성을 자아냈다. 카미노 위에서 맞는 스무 번째 밤은 아름답게 깊어간다.

테라디요스 데 템플라리오스 →베르시아노스 델 레알 카미노(23km)

Terradillos de Templarios — Bercianos del Real Camino

개구리 장사

참으로 복잡했던 도시 사아군을 지난다. 이곳은 풍요로운 농업지대의 중심이기도 하지만, 이슬람과 가톨릭 간의 전쟁 무대였던 스페인 북부의 한복판이기도 하다. 8세기부터 시작하여 15세기에 이르도록 정복과 탈환, 재정복의 전쟁 와중에 많은 사람이 이곳에서 죽었다. 이주된 프랑크족과 유대인, 정복자인 이슬람인과 오랜 세월 거주해온 레온 왕국의 가톨릭계 주민이 서로 분열되어 살았다. 종교가 다르다는 이유로 많은 사람이 몰살당하거나 강제 이주해야 했던 곳이기도 하다. 그야말로 적과 동침하면서 경제도 일구고 도시도 키워낸 것이다. 전성기의 사아군에는 스페인의 수도원을 총괄하여 관리하는 대수도원이 여기 있었고, 멋진 성당이 즐비했다. 그러나 오늘날 대수도원의 정면 아치는 차들의 통행로이고 낡은 성당만이 수더분한 모습으로 남아 있을 뿐이다.

사아군의 순례자용 수돗가는 모사라베(이슬람 통치 하에 있던 가톨릭교인) 스타일로 장식되어 있다. 과거 모사라베와 무데하르(국토회복운동으로 재정

이슬람과 가톨릭 간의 전쟁 무대였던 사아군은 스페인 북부의 한복판이다.

복된 곳에서 개종하지 않은 이슬람교인)가 공존했던 사아군의 흔적이 여기서도 발견되는 것이다. 심상치 않은 감각의 그 수돗가를 이젠 세계 방방곡곡의 순례자들이 찾는 것처럼, '적과의 동침'의 역사도 평화로운 공존의 미래로 나아가기를 순례자는 빈다.

칼사다델카토에서 산티아고 가는 길은 두 갈래로 나뉜다. 하나는 비아 트라이아나로 불리는 북쪽의 로만 로드, 즉 옛 로마인의 길. 또 하나는 남쪽의 순례자 길인 카미노 프랑세스. 로만 로드가 좀더 길다. 난 그 길을 걷고 싶었지만 우리 일행은 모두 순례자의 길을 택했다. 남쪽 길로 접어들어 7km 남짓 떨어진 베르시아노스 델 레알 카미노를 오늘의 목적지로 정했다. 길은 반듯하게 찻길과 평행을 이루며 간다.

개구리가 사는 늪을 지난다. 이놈들은 크기도 하지만 무지하게 시끄럽다. 중세에는 이곳에서 개구리를 잡아 사아군은 물론 레온까지 가서 팔았다는 기록이 있다. 개구리 장사가 꽤나 잘됐다고 한다. 나도 어린 시절 개구리 뒷다리를 구워먹어 봤는데 그 맛이 닭고기 같았다고 하니까, 그 말을 들은 얀이 지긋지긋하게 울어대는 녀석들 쪽으로 냉큼 소리친다. "조용히 해! 킴이 너희들을 잡아 튀겨 먹거나 팔아버릴지도 몰라!"

특별하게 준비하는 저녁 식사

순례자의 낡은 부츠가 이정표 위에 가지런하게 놓여 있다. 또 한 순례자의 무덤을 지나 길고 지루한 길을 걸은 끝에 베르시아노스 마을에 도착했다. 알베르게는 하나뿐이고 마을에서 운영하는 거라 자원봉사자들도 모두 마을 사람들이다. 베르시아노스 알베르게. 숙박비 5유로(기부금). 침대 수 45. 낡은 집을 개조해서 만든 알베르게 건물은 한눈에도 유서 깊어 보인다. 1층은 식당과 사무실, 2층은 잠자는 곳과 샤워실이다. 모든 시설이 낡았지만, 기부받은 멋진 모포만은 아주 깨끗하다. 헤니는 새 모포를 헌 침대에 덮으며 "이 정도면 별 넷 호텔"이라고 너스레다.

이곳은 숙박비뿐만 아니라 저녁 식사도 기부 형식을 띤다. 자원봉사자뿐만 아니라 식사를 신청한 모두가 함께 어울려 식사 준비를 한다. 몇 그룹으로 나눠 할당받은 재료를 마을의 가게에서 준비하는데, 나는 와인 그룹이다. 음식이 준비되는 동안 2층에선 신나는 즉흥 콘서트가 열려 왁자하다. 음악 없이는 못 살 듯한 아이리시 조와 도널, 그리고 헝가리 아가씨가 주축이다. 올드팝과 컨트리송, 각국의 민요가 흥겹게 울려 퍼진다. 로마 사람 조반니도 노래를 잘한다. 한 팀은 노래를 부르며 식사를 기다리고 다른 한 팀은 대화를 즐기며 저녁을 기다린다. 베로나 아줌마 피아와 프랑스 아줌마 카트리나는 자원봉사자를 도와 음식을 만든다.

그 사이에 얀 교수 부부가 다녀갔다. 법률학 교수인 그는 강연하러 한국에도 다녀갔다고 한다. 알베르게에서 몸을 씻고 먹을 물을 챙긴 그들은 아늑한 숲 속에 텐트를 치고 야영을 한다고. 기억력이 비상한 이 부부는 스쳐가듯 나눴던 대화도 소상하게 기억하고선 안부를 물어와 상대방을 감동시킨다. Happy camping there, happy couple!

특별하게 준비한 저녁 식사는 막상 양이 모자랐다. 끄트머리에 앉아 맨 나중에 배식을 받은 우리는 허기를 달래는 데 실패하고 마을의 바로 갔다. 그곳에는 뢰네도 있었다. 차 한 잔을 즐기기 위해 늦은 마실을 나온 뢰네 할아버지. 인생의 황혼녘을 저토록 충실히 즐길 여유가 있다면, 아, 우리의 삶은 대체로 성공작이지 않을까.

순례자들은 자원봉사자들이 준비해온 음식 재료로 함께 요리를 만들어 식사한다.
봉사자들은 식사를 하며 자신들이 지켜가는 마을의 문화와 전통을 이야기한다.
산티아고 가는 길에 흐르는 천 년이 넘는 역사는 바로 이런 봉사자들이 지켜온 것이다.

Day 22

베르시아노스 델 레알 카미노 → 만시야 데 라스 물라스 (26km)

Bercianos del Real Camino → Mansilla de las Mulas

얀의 특별한 재주

오늘의 목적지는 만시야다. 드디어 레온의 문턱에 들어서는 지점까지 온 것이다. 레온의 산에서 길러진 짐승들이 농부의 경작을 돕기 위해 팔리던 곳, 특히 노새 시장으로 유명했던 곳이다.

고원 지대의 아침은 역시 매우 춥다. 동쪽 땅끝의 하늘이 붉게 물들기 시작한다. 먼 길 떠나는 이는 뒤를 돌아보지 않는다고 했던가? 그러나 난 아름다운 일출이 보고 싶어 자꾸 뒤를 돌아보게 된다. 카미노에 들어선 뒤 거의 날마다 만나는 아침노을이지만, 특히나 쌀쌀한 메세타의 새벽 일출은 더욱 장쾌하고 훨씬 풍요로워 보인다. 실로 에너지를 가득 충전시켜주는 새벽의 붉은 기운이다. 다시 등을 돌리니 서쪽으로 뻗은 길이 나를 맞고, 덕분에 기운차게 발길을 내딛는다.

길을 걷는 나그네는 흐르는 물과 같다. 나는 지금 서쪽으로 난 길 위를 흐르는 물이다. 그 흐름이 마냥 즐거운 나그네다. 내 즐거움을 뚝 떼어내 이 지루한 고원지대에 그림을 그리고 노래도 들려주고 시도 읽어준다. 비록 얀은 내가 부르는 노래가 라마 불교의 찬트 같다고 해서 날 배꼽잡고 웃게 했지만.

얀은 또 특별한 것을 찾았다. 그의 눈은 줌 렌즈 같아서 먼 곳에 있는 것도 잘 찾아낸다. 길에서 진짜 별별 것을 다 줍는다. 이번에 찾은 것은 개의 움직임에 따라 그 길이가 자동으로 조절되는 멋진 끈이다. 얀은 그것을 수풀 속에서 찾아냈다. 얀이 그 끈의 연결 고리를 내 배낭에 꽂고 앞서 가기에 나는 멍멍거리며 쫓아가는 연기를 펼쳤다. 두 장난꾸러기들의 푸닥거리를 본 헤니가 주저앉아 웃기 시작한다. 우리가 연출하는 재미난 에피소드들이 웃음이 되어 이 가없는 들판 위에 고이 아로새겨지리라.

죽음을 집에서 기다리지 않는다

독일 커플 두 쌍이 앞에서 걷는다. 여자 두 명이 앞에서 묵주를 돌리며 기도문을 읽으면 뒤따르는 남자 둘이 기도문을 받아 암송한다. 이렇게 엄숙하게 순례길을 가는 가톨릭 신자들은 처음 본다. 오늘날 카미노는 이들처럼 진정한 종교적 이유보다는 문화적인 이유로 찾는 경우가 대부분이기 때문이다.

난 무엇보다 즐겁게 걷고 싶어 이곳에 왔다. 켈트와 로마와 중세의 역사와 전설, 영웅들의 장엄한 노래, 기사들의 말발굽 소리, 숭고한 종교적 희생이 숨 쉬는 들판을 걷는다. 이 얼마나 즐거운 일이란 말인가. 그 매력이 자석처럼 나를 당겨 이곳에 이동시켜 놓았다. 내 인생의 한 자락을 뚝 떼어내 역사 속으로 순례를 떠난 것이다. 그 과정에서 육체의 고통과 누적된 피로는 내적인 행복과 만족감으로 탈바꿈된다. 낡고 좁은 침대에 몸을 누이면서도 웃으며 잠드는 나를 발견하는 행복. 즐겁게 걷자는 목표를 나는 그렇게 날마다 이루고 있다.

독일에서 온 토마 수녀와 한나는 자매다.
토마는 불편했을 수녀복을 입고 걸었지만 웃음소리가 크고 유쾌했다.

순례자들은 숙소에 도착해서 침대를 배정받고 나면 샤워를 하고 빨래를 한 뒤 쉰다.
스페인의 한낮의 열기와 바람 덕분에 빨래는 금방 마르는 편이다.

만시야 알베르게가 있는 긴 골목길 좌우는 모두 순례자들을 위한 레스토랑과 바 그리고 슈퍼마켓이다. 만시야 알베르게, 숙박비 5유로, 침대 수 90. 여든쯤 되어 보이는 할머니 두 분이 길가의 테이블에 앉아 홍합 요리와 와인을 즐기다가, 무엇을 먹을까 두리번대는 우리를 도와주셨다. 닷새째 만시야에 묵고 있는데, 이 집의 음식이 제일 맛있다는 것이다.

할머니들의 고향은 사라예보. 오스트리아 황태자 내외가 세르비아 청년의 총탄에 숨져 제1차 세계대전의 도화선이 된 그 유명한 사건을 기억하는 내게 손을 내밀며 환하게 웃으신다. 한국 사람들은 자신들과 같이 매우 따뜻한 가슴을 가졌다며 내 손을 쓰다듬던 손길. 한국을 방문하지는 못했지만 음식은 드셔봤다고 한다. 헤니가 사는 그로닝겐에 대해서도 자세하게 알고 계셨다. 헤니가 어떻게 그렇게 잘 아는지 궁금해해도, 그냥 조용히 미소 지으실 뿐이다.

할머니들은 아주 긴 여행을 하고 있는 중이라 한다. 여러 나라를 일정 없이 돌아다니는 중인 것이다. 할머니 한 분은 지팡이에 의지해서 걸어 다니는데도 불구하고 말이다. 언제 고향으로 돌아갈 예정인지 물었다. 고향을 떠난 지는 오래되었고 여행하다 죽을 것이니 죽은 뒤에 가지 않겠냐고 하신다. 집에서 책이나 보며 죽음을 기다리는 것보다 훨씬 멋진 선택이 아니냐며 담배를 피우셨다. 담배 연기처럼 고독한 듯 풍성한 미소로 나를 응시하던 그 모습은 영화의 한 장면처럼 클로즈업되면서 내 모든 감각을 순간적으로 완전히 장악했다. 50대의 나와 60대의 헤니는 이제 아예 비법을 전수받는 문하생들처럼 할머니 사부님들을 바라보았다.

내게도 긴 노년의 삶이 주어진다면 나는 훌쩍 떠나리라. 낯선 타국이라도 좋다. 햇볕이 내리쬐는 야외 카페의 파라솔 밑에 앉아 오가는 이들을 바라보며 늦은 점심을 먹고 향긋한 차를 마시리라. 난 이미 낯선 타인을 마주하는 것이 익숙한 지구 세계의 주민, 내 앞에 펼쳐지는 낯선 풍경, 낯선 만남들은 얼굴을 스치는 바람처럼 익숙하다. 만시야의 밤공기 속으로 알베르게 안마당에서 울려오는 노랫 소리가 아스라이 퍼진다. "I love Corina. Tell the world I do. Corina~ Corina~"(이 노래가 왜 자꾸 "아이 러브 코리아, 코리아~ 코리아~"로 들린담…)

만시야 데 라스 물라스 → 레온(21km)

Mansilla de las Mulas → León

로마 군단 기지 레온

부르고스에서 레온에 이르는 메세타 고원지대는 200km나 길게 뻗어 있다. 이제 곧 그 긴 메세타의 끝이다. 화려한 도시 레온으로 들어가는 길은 밋밋하고 지루하다. 과거 이 지역엔 7개의 로마 보병 군단이 주둔했었다. 로마 군단Legion으로 인해 형성된 도시라 오늘날 레온León으로 불리게 된 것이다. 로마 군단은 토착민에게서 갈리시아의 황금과 구리를 지키기 위해 이곳에 머물렀다. 레온의 서쪽 아스토르가는 스페인의 밀과 광물을 로마로 운송하기 위한 비아 트라이아나가 시작되는 곳이다. 당시 레온의 역할이 얼마나 컸는지 황제가 직접 보낸 총독이 다스릴 정도였다.

레온은 대단한 상업 중심지로 성장했다. 다양한 민족의 온갖 화폐가 두루 통용되어 비잔틴의 직물과 보석들, 코르도반의 상아, 레온 메세타에서 생산된 곡물 등을 사고팔았다. 또한 국제적인 양모 시장이기도 해서 소매상인부터 온갖 것을 사고파는 무역업자들과 환전상, 예술가, 장인들로 북적이는 도시였다. 그러나 14세기 중반 안달루시아가 이슬람으로부터 탈환되자 모든 경제의 중심이 카스티야레온에서 안달루시아로 옮겨졌고, 엎친 데 덮친 격으로 페스트로 인해 레온의 황금기는 홀연 끝이 나고 말았다.

수도원에서 운영하는 알베르게에 도착하니 순례자들이 질리도록 길게 줄을 서 있다. 이 알베르게에서 편히 씻거나 잘 수 없을 것이 너무나 분명해 보였다. 레온 알베르게. 숙박비 5유로. 침대 수 112, 45 두 군데. 그래서 200km의 메세타를 걸은 보상도 할 겸 호스텔에 묵기로 했다. 대성당을 바라보는 곳에 위치한 호스텔은 전망도 좋고 깨끗하다. 우리 셋이 가족실 하나를 쓰는데 넓고 아늑한 공간 배치가 마음에 쏙 든다. 헤니와 나는 오래간만에 뽀송뽀송한 시트가 덮인 침대에 누워 낮잠을 잤다. 잠깐의 잠은 피로 회복에 좋다. 시에스타를 즐긴 후 호스텔 앞의 야외 카페에 앉아 오가는 순례자들을 바라보며 타파스와 와인을 마신다. 지상 최고의 느긋함을 만끽하는 순간이다.

대성당 앞 광장 한쪽에 LEÓN이라고 커다랗게 쓴 동판이 땅바닥에 설치되어 있다. 글자 하나가 내 허리까지 오는 것 같다. 사람들은 그곳에서 사진을 찍거나 앉아 보거나 한다. 마녀 복장을 하고 빗자루 들면 딱 어울릴 것 같은 인상의 수다쟁이 아줌마 패트리샤도 보이고, 아이리시 조와 도널, 그들과 함께 다니는 캐나다인 헤르메스, 프랑스인 카트리나와 할아버지도 모두 대성당 광장으로 모였다. 나의 좋은 카미노 친구들, 모두 무사히 메세타를 지나 여기까지 잘 왔구나~.

여자보다 좋은 고급 담배

토요일이라서 광장에 장이 섰다. 장이 제법 크다. 여기저기에 소박한 시골 아줌마들이 앉아 바구니에 한가득 담긴 계란을 판다. 쏟아지는 햇빛을 가리려고 머리에는 네모난 종이 상자를 뒤집어쓴 채로. 과일, 하몽, 치즈와

레온 대성당 앞에서 결혼식이 한창 진행 중이다.

각종 채소가 줄지어 있고, 한켠에는 벼룩시장도 선다. 가구는 대개 중국에서 만든 것으로 짝퉁 앤티크들이다. 먹을거리 외의 것은 모두 중국산이나 남미 제품이다. 어런더런한 장터 구경에 시간 가는 줄 모른다.

레온 대성당의 백미는 소문 그대로 스테인드글라스다. '스페인에서 가장 아름다운 보물'이라는 이름에 걸맞게 화려함의 절정이 어떠한지를 보여준다. 넓은 대성당을 돌고 있자니 바그너의 「결혼 행진곡」을 연주하는 파이프 오르간 소리가 울린다. 결혼식이 한창 진행 중이다. 성당 앞으로 나오니 곧 결혼식을 올릴 또 다른 커플과 친지들이 모여 있다. 성당 옆의 광장에도 결혼식을 마친 다른 커플이 친구들이 던지는 쌀과 옥수수를 맞으며 생의 가장 황홀한 즐거움을 맛보고 있다. 주말을 맞아 결혼식으로 분주한 성당 주변이다.

따가운 햇살이 한풀 꺾인 도시의 골목을 어슬렁거리다. 엽서에 붙일 우표를 사러 담배 가게에 갔다. 스페인의 담배 가게에서는 우표를 판다. 가게에 진열된 시가를 보고 깜짝 놀랐다. 시가 하나가 수십 만 원이나 하는 것이 아닌가. 다시 셈을 해봐도 정말 그렇게 비싸다. 담배처럼 단번에 피워 없애는 것은 아니지만 그렇다 해도 너무 비싼 가격이다. 헤니가 말하길 어떤 남자들은 고급 시가를 피우는 것이 여자들과 잠을 자면서 느끼는 것보다 더 좋다고 생각한단다. 그래서 저렇게 비싼 시가를 고집하며 사는 사람들이 있는 것. 여자와 최고급 시가 둘 중 하나를 선택하라면 망설임 없이 시가를 선택하는 마니아들이 의외로 많다니, 세상엔 내가 이해할 수 없는 별별 사람들이 다 존재하는구나 싶다. 아니, 사람과 사람의 교감에서 오는 행복한 느낌을 대체 어찌 한낱 시가 따위와 비교할 수 있단 말인가!

레온 → 산 마르틴 델 카미노 (26km)

León → San Martin del Camino

아이를 데려다주는 황새

산 마르틴으로 가는 길에는 황새가 많이 산다. 전 세계적으로 보호 대상인 이 새들은 주로 성당의 종탑처럼 높은 곳에 둥지를 틀고 산다. 그곳이 아마 가장 안전한 그들의 보금자리일 것이다. 그리고 보니 황새들 둥지에도 단독주택이 있고 연립주택이 있다.

얀의 고향 네덜란드에서 황새는 아이를 데려다주는 새다. 아이를 원하는 여자는 베개 위에 설탕을 놓고 황새를 기다린다. 그럼 황새가 찾아와 설탕을 먹고 그 보답으로 아이를 데려다주는 것이다.

"그럼 얀, 너는 마르야의 황새겠네. 몇 번이나 설탕을 먹었지?" 얀의 설명을 받아 내가 얀의 아내 이름을 들먹이며 좀 짓궂은 농담을 던지자, 얀은 폭소를 터뜨리며 장난꾸러기 아이 다루듯 내 짧은 머리를 마구 흩뜨려놓는다.

길가의 어느 집 앞 의자 위에 순례자들을 위해 땅콩과 비스킷, 캔디를 담은 바구니가 놓여 있다. 지나가던 순례자들은 그 정성에 감격하며 하나씩 들고 가며, 바구니 앞에 감사의 메모를 적어 남기고 가는 이도 있다.

　히로시마에서 오신 칠순 정도의 할아버지를 만났다. 작은 키에 마른 체구인데도 14kg이나 나가는 배낭을 메고 힘에 부친 모습으로 뫼네 못지않게 정성스럽게 걸으셨다. 일본에는 산티아고에 대한 정보가 우리보다 많다. NHK에서 프로그램을 방영하기도 했다. 할아버지는 영어를 못하는 대신 스페인어 회화 사전을 갖고 계셨다. 뭔가 얘기를 하고 싶으신 듯 나에게 스페인어를 아느냐면서 사전을 내미셨다. 우린 대화를 나누지는 못했지만 웃음으로 서로를 격려했다.

　산 마르틴산 마르틴 델 카미노 알베르게. 숙박비 5유로. 침대 수 100(두 군데 합계).으로 가는 길은 긴 수로를 따라 나 있다. 과거에는 지하수를 파 우물을 만들어 짐승을 이용해 계속 퍼올려 밭에 쓸 물을 공급했지만, 오늘날은 오르비고 강물을 수로로 끌어올려 농사를 짓는다. 옥수수, 감자, 양파, 토마토가 밭에서 익어가고, 밀밭도 끝없이 넓게 펼쳐져 있다. 있는 그대로의 자연도 아름답지만, 정성껏 경작하는 작물들도 그들 못지않게 아름답다. 그저 아름다운 게 아니라 꽉 찬 듯 풍요로운 풍경이기까지 하니 말이다.

전 세계적으로 보호 대상인 황새는 주로 성당의 종탑처럼 높은 곳에 둥지를 튼다.

Day 25

산 마르틴 델 카미노 → 아스토르가 (25km)

San Martin del Camino → Astorga

살이 쏙 빠진 프랑스 아가씨

산 마르틴 마을을 벗어나는 들판엔 옥수수와 감자밭이 밀밭보다 더 많다. 이곳의 주농사가 감자와 옥수수다. 그래서였을까. 어제 저녁 감자튀김이 다른 곳보다 푸짐하게 나왔다.

사실 이곳 들판은 감자만큼이나 큰 자갈들로 덮여 있다. 그런 들판에 감자, 옥수수, 밀을 심어놓은 것이다. 웬만하면 밭의 돌을 주워 한곳으로 모았을 텐데, 그러기엔 돌이 너무 많았고, 돌 틈에서도 곡식은 잘 자라고 있었다. 넓고 넓은 들판이 넘치는 곳이다. 이 정도 돌밭은 버려도 될 것 같은데 이렇게 활용하는 모습은 게으르다는 평을 받는 스페인 사람들의 모습이 아니었다. 하긴 우리나라 농부들 같으면 무슨 수를 써서라도 저 돌을 다 끄집어냈을 것이다.

오스피탈데오르비고를 지난다. 별표 셋을 매기고서 꼭 보리라 다짐했던 중세축제가 해마다 열리는 곳이다. (오스피탈데오르비고 중세축제는 매년 6월 첫째 주 일요일에 열린다.) 하지만 축제는 이미 다 끝난 뒤다. 축제를 보고 싶었지만 날짜를 재조정해야만 했다. 그리고 적어도 이틀 전에 도착해 숙소를 잡아야 한다. 막상 그렇게 하려니 쉽지 않았다. 축적된 피로는 중세축제에 대한 흥미마저 시들게 했다. 고딕 양식의 긴 다리는 깃발을 펄럭이며 순례자들을 맞이한다. 다리 주변으로 밤새 질펀하게 놀았던 흔적들이 고스란히 남아 있다.

이곳에서 아스토르가까지는 거의 직선으로 이어진 길이다. 길은 두 갈래다. 찻길을 따라 아스팔트를 걷는 곧은길과 안쪽으로 돌아가는 들길이 있다. 거의 모두가 돌아가는 길을 택한다. 찻길을 걷는 것은 매우 피곤하기 때문이다. 이곳도 메마른 지역이라 긴 수로가 아스팔트를 따라 이어졌다.

또 어느 순례자가 이곳에서 숨을 거두었나 보다. 작은 기념비가 세워진 곳에 누군가 허수아비를 만들어놓았다. 허수아비는 지나는 순례자의 발걸음을 잡는다. 주머니에는 지나는 순례자들이 남긴 메모가 가득하다. 허수아비는 주변의 올망졸망한 작은 비석들도 돌아보게 한다. 길에서 죽음을 맞지 않으려면 쉬면서 천천히 가라고 말하고 있는 것 같다.

황금빛 밀밭과 푸른 하늘의 조화 역시 순례자의 발길을 절로 움직이게 해준다. 언덕마루 참나무 그늘 아래서 잠시 쉬며 언덕을 오르는 순례자를 바라보았다. 낯익은 얼굴이다. 물집으로 고생하는 것을 사진에 담아둔 그 프랑스 여인이다. 오랫동안 못 봤는데 그간 살이 많이 빠졌다. 엉덩이가 짊어진 배낭 폭보다 더 컸었는데 몰라보게 작아졌다. 그녀에게 살이 많이 빠졌다고 하니 몸이 가벼워졌다고 한다. 많이 걷는데다가 평소보다 간식을 하지 않으니 살이 좀 빠졌노라고.

그녀가 우리 옆에 앉아 담배를 말아 피웠다. 알고 보니 담배가 아니라 마리화나였다. 지금은 담배도 피우지 않는 얀도 젊은 시절에는 마리화나를 피웠다고 한다. 세상에, 마리화나가 '다 한때 해보는 것'이라니, 마약이

라는 말의 음험함에 주눅 든 나로서는 그런 관용이 도무지 낯설기만 하다.

칭찬은 고래도 춤추게 한다

힘들게 오늘의 목적지인 아스토르가에 도착했다. 아스토르가 알베르게. 숙박비 5
유로. 침대 수 132, 110 두 군데. 얼른 낮잠을 청하려고 서둘러 빨래를 하느라 부지런
을 떠는데, 아일랜드인 도널이 내 옆으로 왔다.

"킴. 넌 좀 달라. 그리고 멋있어."

빨래를 하다 말고 난데없이 그가 나를 추켜세운다.

"그래? 너희들과 다른 동양인이라서 다르다는 거야?"

"아냐. 아냐. 사람을 대하는 태도야. 유머도 있구, 따뜻해. 그래서 다르
다구."

칭찬은 고래도 춤추게 한다고 했던가. 내 빨래를 다 마치고도 자리를 뜨
지 못하고, 도널이 마친 빨래를 짜는 걸 끙끙대고 도와주면서도 신이 났
다. 사람을 대하는 태도가 멋있다니, 이런 칭찬은 너무 근사하지 않은가
말이다.

오늘 처음 만나는 이들은 워싱턴에서 온 62세의 아버지 존과 19세의 딸
로리다. 딸이 얼마나 말이 많은지 재잘거리는 새 같았다. 아버지는 그런 딸
이 있어 마냥 즐거운 표정이다. 그들은 가족이 함께 자동차를 렌트해서 유
럽 여행을 즐겼다고 한다. 나머지 가족은 미국으로 먼저 돌아가고 부녀만
남아서 레온에서부터 걸어 산티아고로 가는 길이다.

낮잠으로 기운을 회복한 뒤 도시산책을 나갔다. 아스토르가는 분지로
형성된 작은 도시다. 사방이 첩첩산중 큰 산들로 담처럼 둘러싸여 있다.
과거 저 산의 금과 구리는 로마 군단을 불러들였다. 아스토르가는 동프랑
스 보르도에서 시작하여 서쪽 산티아고로 뻗은 비아 트라이아나와 스페인

남쪽 세비야에서 출발해 북으로 뻗은 카미노 모사라베가 만나는 지점이다. 전성기에는 순례자 숙소가 21개나 되던 큰 도시였다. 아스토르가의 순례자 숙소는 다른 곳과 달리 노동자 조합의 재정 지원을 받았다. 예를 들어 목수 노동자 조합에서는 산타마리아 순례자 숙소를 지원하고 가죽 노동자 조합에서는 산 마르틴 숙소를 지원하는 식으로 말이다. 죽은 순례자의 소지품은 경매를 해서 수익금으로 장례비를 치르고, 남았을 경우 조합의 기금으로 들어갔다.

가우디의 작품인 주교의 대저택과 박물관, 로마 광장도 둘러보았다. 거듭해서 재건축되었던 로마 성벽은 나폴레옹 군대가 점령했을 때 결국 거의 허물어져버리고 지금은 대략 2km 정도 남은 것 같다. 엄청나게 활력 넘치던 아스토르가가 이제는 지친 순례자들이나 건성으로 둘러보는 성당 몇 곳과 박물관이 있는 아담한 소도시로 전락했다.

초콜릿박물관이라고 불러도 될 정도로 다양한 초콜릿이 가게마다 진열되어 있다. 모두들 "에너지를 위해!"라며 초콜릿을 먹었지만, 난 초콜릿을 먹으면 속이 쓰린지라 아쉽게도 멀뚱멀뚱 구경만 했을 따름이다.

도시 산책 또한 만만치 않게 걷는 것이다. 돌아다니며 아스토르가를 즐겼더니 어찌나 힘이 빠지는지, 저녁을 먹을 때는 손에 든 포크와 나이프가 무겁게 느껴질 정도다. 식사 중에 절로 눈이 감겨지며 쓰러질 것같이 피로가 몰려왔다. 2층 침대인 내 자리까지 어떻게 걸어왔는지도 모르겠다. 난 절인 파김치처럼 침대로 쓰러지고 말았다.

대서양

리바데오

트라야스텔로

산티아고 데 콤포스텔라

비야프랑카 델 비에르소

라바날 델 카미노

피니스테레

아스토르가

라 파바

몰리나세카

러

영국

아일랜드

독일

프랑스

대서양

스위스

이탈리아

스페인

포르투갈

포르투갈

지중해

알제리

━━ 프랑스 길   ━━ 카스티야레온 이동경로

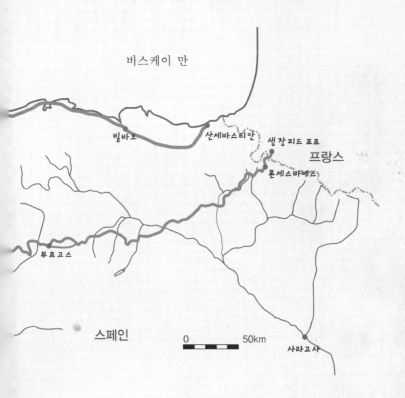

카스티야레온

비스케이 만

빌바오   산세바스티안 생장피드 포르
                              프랑스
                 론세스바예스

부르고스

스페인   0   50km

                        사라고사

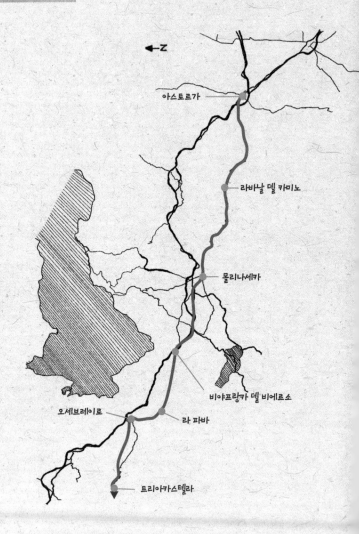

←Z

아스토르가

라바날 델 카미노

몰리나세카

비야프랑카 델 비에르소

오세브레이로

라 파바

트리아카스텔라

아스토르가 ⟶ 라바날 델 카미노(21km)

Astorga ⟶ Rabanal del Camino

예상 못한 이별

천근 같이 무거운 몸으로 일어났다. 그러나 난 잘 알고 있다. 길 위에 올라서면 자연과 하나 되어 걷고 있는 나를 발견한다는 것을. 아침은 늘 몸보다 마음이 앞서듯 나의 긴 그림자가 먼저 걷는다. 오늘은 계속 오르막길이다. 800m에서 1,200m로 올라가는 것이다. 그러나 가파르지는 않은 오르막길이다. 들판의 푸르름 속에 핀 이름 모를 화사한 들꽃들이 지루함을 덜어준다. 노란 들꽃과 하얀 찔레꽃의 향기가 금방 뿌린 상큼한 향수처럼 진동하며 발걸음을 가볍게 해준다.

길 안내 표지 돌 위에 누군가 메모지를 올려놨다. 바람에 날아가지 않게 돌멩이를 올려놓고 길가의 꽃송이로 장식해 놓았다. 메모지를 읽을 사람은 행복할 것이다. 가끔 길에는 메모지가 묶여 있거나 돌 위에 올려져 있곤 한다. 길을 걷다 만난 친구들끼리 안부를 남기거나 혹은 뒤에 오는 친구에게 자신이 머물 알베르게를 알려놓는 것이다. 내 메모를 기념품이라며 챙기던 듀카가 문득 생각난다. 무릎은 좀 괜찮아졌을까?

길을 걷다 만난 친구에게 안부를 남기거나
자신이 머물 알베르게를 알리기 위해
메모지가 돌 위에 올려져 있기나 묶여 있다.

작은 마을 소모사Somoza에 들어서는데 헤니가 갑자기 걸음을 멈춘다. "난 더 이상 못 가. 여기서 집으로 돌아갈래." 마치 긴 여정에서 심오한 진리를 터득한 사람처럼 짧고 단호하게 말하는 헤니. 힘이 들면 바와 숙소가 있는 이 언덕에서 머물며 하루 정도 더 쉴 수도 있고, 으레 그랬듯이 버스로 다음 장소로 이동해도 된다. 그런데 불쑥 집으로 돌아가겠다니…. 헤니의 선언에 문득 파울로 코엘료가 떠올랐다. 산티아고 가는 길을 걸었던 코엘료는 오 세브레이로란 마을에서 찾고자 하는 영적 지도자를 의미하는 '마스터 검'을 찾았다. 그는 그곳에서 바로 걷기를 중단하고 버스를 타고 산티아고로 떠났다. 우리를 당혹케 하는 지금의 헤니는 꼭 파울로 코엘료 같지 않은가.

갑작스러운 헤니의 결심에 우린 멍하니 그녀를 바라볼 뿐이다. 한참 동안 말없이 앉아 있던 헤니가 드디어 입을 연다. "오늘 진통제를 두 번이나 먹었어. 그래도 이 통증이 사라지지 않아. 난 집으로 가겠어. 얀, 너는 계속 너의 길을 가. 그게 내 바람이야. 내 사랑스러운 동생 같은 킴, 넌 산티아고까지 순례를 잘 마칠 거야. 서울 가기 전에 우리 집에 꼭 와. 난 여기로 택시를 불러서 떠나겠어." 헤니의 눈가와 코끝이 빨개진다. 마음을 다잡기 위해 눈물을 참고 있는 헤니. 다시 말문을 닫은 그녀는 걸어왔던 동쪽 산 아래만 요지부동 응시한다.

올라야 할 서쪽 산의 언덕길로는 길게 그림자가 드리워졌지만, 산 아래는 햇빛을 받아 눈부시게 빛난다. 헤니는 언덕 윗길로는 눈길도 주지 않는다. 우리는 머리를 무엇인가에 세게 부딪친 듯, 한참을 앉아서 쉽사리 말문을 열지 못한다. 얀이 어렵사리 그 정적을 깨뜨린다. "그럼, 내가 같이 갈게." 헤니는 단박에 고개를 가로젓는다. 얀에게 계속 가라고 재촉하는 그녀의 태도는 단호하다. 다시 침묵…. 얀은 헤니가 택시를 불러 떠나는 것을 보고 갈 테니 내게 먼저 가라고 했다.

헤니는 계속 산 아래에 눈길을 고정시킨 채 앉아 있다. 그녀의 결심을 어찌 이해하지 못하겠는가. 내일은 헤니의 60번째 생일이다. 얀은 아스토르가에서 헤니의 생일 카드를 몰래 만들었다. 내일 아침에 주려던 선물을 가방에서 꺼내던 나는 바보같이 눈물을 보이고 말았다. 어떻게든 헤니처럼 참아 보려고 했는데 끝내 울고 말다니. 두 개의 선물 중 하나는 헤니의 둘째 딸을 위한 것이다. 그 딸은 마약 중독자다. 마약 살 돈을 벌려고 매춘까지 했다. 그러다 아이를 가졌고, 아이를 위해 마약을 끊었다. 그러나 장애를 가진 딸을 낳고 말았다. 지금은 싱글 맘으로 혼자 아이를 키우며 착실한 삶을 산다. 딸 때문에 헤니의 마음고생이 컸다. 헤니의 둘째 딸을 격려하고 싶은 마음에 기념품을 주고 싶었다. 나를 안고서 헤니도 그만 눈물을 흘린다.

헤니와 얀을 남겨두고 오르막을 오르며 난 차마 뒤돌아보지 못한다. 되돌아가 택시가 올 때까지 함께 기다려주며 헤니가 떠나는 것을 보고 싶지만 쏟아지는 눈물 탓에 그럴 수도 없다. 혼자 산길을 걷는 동안에도 눈물은 멈추지를 않는다. 헤니가 걱정되었다. 다시 병이 재발한 것은 아니겠지. 헤니가 내일 집에 도착하지 못한다면, 돌아가는 길 위에서 쓸쓸하게 예순의 생일을 맞을 것이다. 이런저런 생각마다 또 다른 눈물샘이 터진다. 여행지에서의 이별에 익숙하다고 생각했는데, 미처 마음의 준비를 하지 못한 갑작스러운 헤어짐은 도무지 힘들다. 그동안 헤니와 정이 많이 들었다. 맘을 달래느라 울먹이며 노래를 불러보지만, 마음이 답답한 뒤라 입 끝에 나와 걸리는 노래들도 죄다 먹먹하다.

수도원의 특별한 손님

라바날은 12세기에 템플라 기사단이 주둔했던 곳이다. 폰페라다로 가려고 이라고Irago 산을 넘는 순례자들을 보호하기 위해서다. 오늘 머물게 될 레푸지오 가우셀모 숙소도 수도원에서 운영하는 곳으로서, 12세기에는 산그레고리오 순례자 숙소였던 곳이다. 라바날 델 카미노 가우셀모 알베르게. 숙박비 5유로. 침대 수 74, 42, 22 세 군데. 산 바로 아래 자리 잡은 수도원 마을 자체가 순례자들을 위해 형성된 곳이다. 작은 마을에 순례자 숙소가 세 군데나 되고 호텔도 있다.

한 이틀 쉬어갈 수 있도록 수도원에서는 순례자를 위한 휴식의 집도 운영한다. 가우셀모 숙소가 문을 여는 시간은 2시다. 문 앞에 가방을 차례로 내려놓고 숙소 앞 나무 아래 앉았다. 기다리는 사이 안이 왔다. 헤니는 택시를 타고 아스토르가로 가서 기차를 타고 네덜란드로 갈 것이다. 얀의 표정이 무겁다. 헤니가 돌아갔다는 소식을 들은 일행 모두 마음이 좋지 않다.

자원봉사자가 나타나 순례자들에게 주의사항을 당부한다. "정원에 특별한 손님이 있습니다. 여러분이 그 손님에게 접근하지 못하도록 전기 울타리를 설치했습니다. 그냥 멋진 모습을 바라만 봐주시면 감사하겠습니다." 도대체 멋진 손님이란 누굴까? 그 특별한 손님은 순례자가 타고 온 말이다. 간혹 말을 타고 순례하는 사람을 본 적이 있다. 이 먼 길에 고생할 말이 걱정되기도 했고, 잠은 어디서 자는지 무엇을 어떻게 먹는지, 포장된 길을 걸을 때는 어떤지, 궁금한 게 많았기에 말 타는 순례자를 만나면 물어볼 작정이었다.

궁금증은 곧 해결되었다. 골목길 한구석에 말을 싣는 수레와 멋진 그랜드체로키가 주차되어 있다. 말을 타고 순례하는 이를 돕는 차량이다. 한 사람이 차를 끌고 뒤따르면서 말이 다니기 힘든 곳은 수레에 태워 차량으로 이동하는 것이다. 말을 타거나 개를 동반해서 걷는 순례자들을 위한 순례자용 숙소도 따로 있다. 말을 위한 식량은 차로 운송하거나 현지에서도 불편하지 않게 살 수 있다.

알고 보니 이 말을 타고 온 순례자는 코카콜라의 후원을 받아 여행하는 중이다. 그는 아르헨티나에서 출발하여 뉴욕으로 간 다음 다시 암스테르담에서 스페인까지 말을 이용해서 산티아고로 가는 사람이다. 그러고 보니 지금까지 오는 동안 아주 작은 마을까지 코카콜라 자판기가 설치되어 있던 게 떠올랐다. 무슨 얘기가 하고 싶은 건지 모르겠지만, 죽은 순례자의 기념비처럼 길가에 세워진 코카콜라 대리석 묘비도 보았다. 어쩌면 앞으로 누군가가 '코카콜라와 산티아고'라는 책을 펴냈다는 소식이 들려올지도 모르겠다.

Day 27

라바날 델 카미노 → 몰리나세카 (26km)

Rabanal del Camino → Molinaseca

폐허의 마을, 폰세바돈

산티아고 길에서 3대 난코스 중 하나인 이라고 산을 넘는다. 1,200m에서 1,500m로 가파르게 산등성이를 오른 뒤, 거기서 다시 내리꽂듯이 하강하여 600m 산 아래 마을에 도착하는 것이 오늘의 일정이다. 오늘도 동트기 전에 출발했다. 상쾌한 마음과는 달리 몸은 더디 깨어나 걸음이 무겁다. 얀은 자신의 리듬에 맞춰 앞서서 갔다. 그렇지만 어딘가에서 험한 길을 만난다면 나를 위해 기다려줄 것이다. 늘 그랬던 것처럼.

폰세바돈Foncebadon에 들어선다. 이미 허물어진 돌집과 절반 이상이 허물어져 괴기스러운 집, 형태는 유지하고 있으나 살짝 건드리기만 해도 와르르 무너져내릴 듯한 집 사이로 고양이와 개의 낮잠만 늘어졌다. 아름다운 산등성이에 흩어진 폐허를 보는 마음이 아프다. 한구석에 얀의 모자와 스틱이 세워져 있기에, 돌담을 따라가 보니 바가 있고, 그곳에서 얀이 나를 기다리고 있다. 동쪽을 내려다보는 언덕배기에 자리 잡은 이 바는 이라고 산을 넘는 순례자들에게 편안한 쉼을 주는 곳이다.

이라고 산의 커다란 나무 기둥 위에 올려진 철 십자가 크루스 데 페로.
전 세계에서 오는 순례자들이 특별한 소원이나 의미를 담은 돌을 이곳에 올려놓고 간다.

얀이 얘기해준 폰세바돈의 전설에 따르면, 이 마을을 찾은 한 연금술사를 지나치게 푸대접해서 화가 난 그가 마을에 저주를 내려 점점 폐허가 되었다고 한다. 또 몇 년 전까지 심술궂은 부인이 이 동네 입구에 살았는데, 지나가는 순례자들에게 물을 끼얹고 욕을 하며 개를 풀어놓았다고. 맞다, 파올로 코엘료도 이곳에서 개 때문에 고생했다고 했지.

폐허 마을을 막 지날 무렵 개를 데리고 오는 할아버지 순례자와 마주쳤다. 그는 프랑스에서 출발해 피니스테레까지 갔다가 다시 고향으로 가는 중이다. 할아버지와 개! 대단한 커플이다. 서로에게 충실하고 행복한 동반자 같은 모습이다. 그들은 앞으로 2, 3개월은 더 걸어야 목적지에 도착한다. 고향집에서 편하게 지내면 몸은 편할지 모르지만 마음은 이 폐허 마을처럼 황폐해져갈지도 모른다. 이 산티아고 가는 길을 걷는 동안 할아버지와 개의 육체는 지쳤겠지만, 마음은 늘 새롭고 풍요롭고 충만했을 것이다. 내가 카미노에서 만난 환상적인 커플들의 목록에 이 할아버지와 개를 상위권에 등재시켰음은 물론이다.

철 십자가 크루즈 데 이에로

폰세바돈에서 2km쯤 오르면 크루즈 데 이에로Cruz de Hierro가 나온다. 아이라고 산(해발 1504m)의 커다란 나무 기둥 위에 올려진 철 십자가의 이름이다. 거대한 돌무더기 위로 우뚝 솟은 철 십자가를 실제로 보니 사진으로 볼 때보다 오히려 확 와닿는 느낌이 덜하다. 몸이 피곤해서일까? 사진으로만 보는 게 더 나았던 걸까? 아무튼 실망스런 모습이다.

사실 이 돌무덤의 역사는 매우 깊다. 로마 시대 이전 켈트인들이 그들의 오랜 풍습에 따라 이 길을 오르내리며 돌무덤으로 산신께 소원을 빌었다. 그 후로 로마인들도 이정표의 신이며, 여행자의 수호신인 머큐리에게 소원을 빌면서 돌을 올려놓았다. 훗날 가우셀모 수도사가 이곳에 십자가를 세워놓고 이교도 기념물을 가톨릭의 형태로 바꾸어놓는다.

오늘날은 전 세계에서 모이는 순례자들이 그들의 고향, 혹은 이곳 어딘가에서 수집한 돌에 특별한 소원이나 의미를 부여해 이곳에 올려놓고 간다. 둥글둥글한 뭉우리돌도 있고, 앙증맞은 조약돌도 있다. 누군가는 자신의 과거를 모두 돌에 담아 이곳에 올려놓는다고도 했다. 지금까지의 자아를 버리고 새로운 자아로 리모델링하기 위해.

난 서울에서부터 돌을 준비해왔다. 두 개의 아주 작은 돌이다. 이것은 내가 아는 분들의 특별한 의미를 담은 돌이다. 돌에는 그 분들의 이름이 쓰여 있다. 돌무덤에 바둑알처럼 조그만 돌 두 개를 올려놓자 정말 마음의 짐이 줄어들어 홀가분하다. 혹시 잊어버릴까 계속 염려했었기 때문이다. 켈트족의 후예인 도널과 조도 아일랜드에서 갖고 온 돌을 올리고, 카타리나는 프랑스, 피아는 베로나에서 갖고 온 돌을 올려놓는다. 다들 자기 나름의 방식으로 마음의 짐을 부려놓고 가는 것이리라.

오, 뢰네!

만하린Manjarin을 지나자 이내 급경사의 내리막이다. 산을 잘라놓은 절벽을 내려가는 것 같다. 얀이 어제 저녁부터 아주 힘든 길이라고 거듭거듭 강조하더니…. 무릎이 시원찮은 내게 내리막길은 칼로 찌르는 듯한 고통을 안겨줄 터이기 때문이다.

단단히 각오하고 온 탓일까. 아니면 언제나처럼 아름다운 풍경 덕분일까. 힘은 들지만, 몸과 마음이 가볍다. 배가 고픈 것만 빼면 괜찮다. 나의 꾸준한 발걸음은 새벽 4시에 출발한 프랑스 할머니와 스페인 할아버지를 곧 앞질렀다. 히로시마 할아버지께서 힘겹게 내리막길을 걸을 때는 그 앞

만하린 마을의 이정표. 이제 산티아고까지 222km 남았다.

으로 나가기가 송구스럽다. "할아버지, 제발 짐 좀 버리세요." 그렇게 말해 주고 싶다.

꼭두새벽에 출발한 뢰네의 모습이 보인다. 그의 걸음은 차마 볼 수가 없을 지경이다. 지팡이 두 개에 의지해 비틀거리며 금방이라도 쓰러질 듯 걷는 뢰네. 그러나 그는 누구의 도움도 받지 않으려 했다. 그와 항상 함께 걸었던 피아도, 세자레도 곁에 없다. 차마 그의 곁을 지나쳐 갈 수가 없어 조금 떨어져 조용히 따라가노라니, 후두둑 눈물이 난다. 그가 잠시 쉬려는지 길가에 앉자, 기다렸다는 듯 얼른 다가가 물을 드렸다.

얼마나 힘들면, 그의 두 눈은 충혈의 수준이 아니라 아예 붉은 피가 송알송알 맺혔다. 문득 뢰네가 이 길에서 죽는 것은 아닐까 두려움이 엄습한다. 계속 눈물이 쏟아진다. 그런 나의 손을 잡고 뢰네는 먼저 가라고 말한다. 자신은 천천히 쉬면서 가겠노라고. 내가 먼저 가는 것이 도와주는 일이라면서 말이다. 어렵게 발걸음을 떼 뢰네와 헤어져 다시 걷기 시작하는데 눈물이 멈추지 않는다. 안이 울면서 내려오는 나를 보더니 위로해준다.

"키미키미킴! 뢰네 때문에 우는 거지? 너무 걱정하지 마. 도움을 받지 않으려는 것을 어떻게 하겠어. 뢰네는 고집이 대단하잖아."

산길을 다 내려오니 마을 입구에서 피아와 세자레가 뢰네를 기다리고 있다. 사이 좋은 친구들처럼 그들과 뢰네는 늘 함께 움직였다. 그러나 지금 두 사람은 잔뜩 화가 난 모습이다. 지친 것이다. 세자레만 해도 예순다섯의 나이가 아닌가. 피아가 불편한 표정으로 말한다.

"오늘 이 산을 넘는 것이 얼마나 힘이 드는지 순례자들은 잘 알잖아요. 어제 뢰네에게 걷지 말고 버스를 이용하든가 아님 배낭만이라도 배달을 시키는 게 좋지 않겠냐고 했어요. 하지만 뢰네는 거절했다구요. 보세요, 뢰네가 오늘 어떻게 산을 넘는지. 우리는 앞으로 가지도 못하고 이렇게 뢰네를 기다리며 걱정하고 있잖아요."

두 사람은 내일부터 뢰네와 함께 다니지 않겠다고 한다. '오, 뢰네! 오, 뢰네! 못 말릴 고집쟁이 할아버지….'

자전거 순례자의 죽음

산 아래 마을 엘 아세보El Acebo는 그림처럼 예쁜 조그만 마을이다. 폐허였던 폰세바돈과 달리 잘 정리되어 깔끔한 느낌이다. 지친 순례자들을 위한 바와 레스토랑을 운영하며 마을을 유지하는 듯하다. 동네 한복판의 바에 들어서니 점심을 먹고 있던 듀카가 휘파람을 불며 우릴 환영한다. 우유에 적신 바게트 속을 계란과 토마토로 채워 익힌 따뜻하고 촉촉한 빵을 커피와 함께 먹는데, 가히 최고의 맛이다.

엘 아세보 마을 아래쪽에 한 독일 자전거 순례자의 죽음을 기리는 자전거 기념물이 있다. 매우 유명한 기념물이다. 아직도 이라고의 산비탈과 사투를 벌이고 있을 뢰네가 또 떠오른다. '뢰네가 산티아고 길에서 숨을 거두면 가족들이 그를 위해 첼로 모양의 기념물을 세워줄까?' 그런 부질없는 생각을 후다닥 떨쳐내니, 다시 뢰네 걱정으로 가득 찬다. 부디 오늘도 알베르게에서 볼 수 있기를….

돌과 바위투성이의 또 다른 비탈길에 들어선다. 가파른 길 아래쪽으로 양떼가 풀을 뜯고 있는데, 유독 등에 파란색으로 X 표시를 한 양들이 눈에 띈다. 얀이 말하길, 그렇게 표시된 양이 암컷이라고 한다. 숫양이 암양과 교배를 하면 숫양의 몸에 파란색이 묻을 테고, 목동이 그걸 기록하여 새끼 양이 태어날 날짜를 계산한다는 것이다.

몰리나세카의 알베르게는 마을을 빠져나가고도 한참을 걸어서야 나타났다. 몰리나세카 알베르게. 숙박비 3유로. 침대 수 85. 어느 때처럼 옷을 세탁하고 씻은 후 바로 누웠다. 한낮의 열기를 피하는 가장 좋은 방법이다. 낮잠을 제법 자고 일어나니 비어 있던 침대에 사람들이 다 찼다. 카트리나 일행도, 듀카도, 브라질 모녀도 다 이 숙소로 모였다. 한국 아가씨를 또 만났다. 그녀는 우리보다 앞서서 걷고 있는 한국인 한 명과 이틀 거리 뒤에 또 한 명이 따라오고 있음을 내게 알려준다. 그들과 인터넷 동호회에서 정보를 나눈 사이란다. 이곳에서 한국의 청춘을 만나는 것은 반가운 일이다. 이런 추세라면 올해 20여 명은 산티아고 길을 다녀갈 것 같다. 다행히 뢰네도 이곳으로 왔지만, 피아와 세자레는 보이지 않는다.

햇살을 즐기던 안이 내게로 오더니 묻는다. "킴. 오늘 넌 얼마나 걸었니?" 어럽쇼, 무슨 소리람? 하루 종일 같이 다닌 친구께서 이런 뚱딴지 같은 질문을? "오늘 우린 26km 걸었잖아. 같이 걸어놓구선?" "아냐. 넌 나보다 더 걸었어. 넌 자면서도 계속 걷더라." 무릎이 쑤시고 아프니까 자면서 계속 발버둥을 쳤나 보다. 배꼽 잡고 한바탕 웃고 난 뒤 안이 어제 네덜란드로 떠난 누이 헤니의 소식을 전한다. 오늘 저녁 헤니는 집에 도착할 예정이라고. 반가운 소식이다.

오늘도 힘든 하루였다. 하지만 감사드릴 일은 많다. 나는 산티아고 길 위에서 무사하고 헤니는 네덜란드 집에 잘 도착해 무사하니, 감사드린다. 뢰네의 죽음을 기념하는 첼로 기념물이 세워지지 않은 것 역시 감사드린다. 나의 좋은 친구들이 오늘밤도 웃으며 잠들 수 있게 되었으니 이 또한 감사드린다. 감사의 기도가 절로 나오는 밤이다.

Day 28

몰리나세카 → 비야프랑카 델 비에르소(30km)

Molinaseca → Villafranca del Bierzo

맛있게 먹는 모습이 아름답다고?

지루하게 곧은 아스팔트 길을 두 시간 정도 걸어야 폰페라다Ponferrada
다. 폰페라다는 고대 켈트족 마을에 자리 잡은 곳이다. 가까이 광산이 있
어 로마제국 때부터 도시로 성장했다. 로마 멸망 후엔 고트족이, 이어서
무슬림제국이, 다시 재정복한 후 기사들에 의해 보호되며 성장한 곳이다.
오늘날은 탄광 개발과 철도 개통으로 과거처럼 산업 도시로 새로운 성장
을 하는 곳이 되었다.

그 가운데 기사 성이 있는 올드 타운이 있다. 13세기에 지어진 이 기사
의 성채가 오늘날 관광객을 부르는 주요 자원이다. 중세 시대에 순례자들
을 위해 이 지역을 흐르는 강에 다리를 놓았는데, 그 다리 난간을 철로 만
들어서 다리명이 '철의 다리'를 의미하는 폰페라다라고 붙여졌고, 후에 그
것이 도시의 이름이 되었다.

기사의 성채는 대대적인 보수 공사 중이었는데 그 탓에 폰페라다를 빠
져나갈 때 그만 길을 잃었다. 공사 중인 곳을 지날 때 인부들이 옮겨놓은

화살표를 따라왔더니 잘못된 길로 들어선 것. 잠시 헤매다 산책 나온 노인들의 도움으로 제 길을 찾을 수 있었다.

오늘은 바가 있는 작은 마을 여러 곳을 통과하며 갈 것이다. 아침에 요거트를 마시고 10km를 넘게 걷고서야 크루아상과 커피로 겨우 배고픔을 달랜다. 그리고 다시 10km를 더 걷자 뱃속이 또 요동을 친다. "얀, 우리 어디서 맛있는 것 먹자. 나 배고파 죽겠어." 얀이 투덜거리는 내 머리를 큰 손으로 쓰다듬으며 인자하게 미소 짓는다. "킴, 너는 꼭 내 큰아들 어렸을 때 같아."

얀은 그의 어린 두 아들과 함께 일요일이면 늘 하이킹을 했다. 아침을 먹고 출발할 때면 큰아들은 항상 "아빠! 오늘 점심은 어디서 먹죠?"라고 물었다고 한다. 어디를 가는지, 얼마나 멀리 가는지 보다도 어디서 멋진 점심을 먹을 수 있는지가 항상 더 궁금한 것이다. 늘 배고파 하며 어디서 맛난 것을 먹을지 묻는 나를 볼 때마다 얀은 아들의 어린 시절을 회상한다.

카카벨로스Cacabelos는 뜻밖에 크고 멋진 마을이다. 전통 가옥들이 잘 보존된데다 이층 테라스마다 화사한 꽃바구니를 내놓아 어여쁘다. 집과 집 사이 1m 남짓한 공간으로 산과 밭이 살짝살짝 엿보인다. 반짝이는 냇물이 보이는 곳도 있다. 영국 여왕의 잘 가꾼 황실 정원을 걷는 기분도 이보다는 못하리라. 재미있고 상큼 발랄한 길을 걷는다. 집은 이렇게 사람이 살면서 생명을 불어넣어야 하나 보다. 사람의 손길을 받지 못한 채 폐허가 되어가는 폰세바돈의 돌담들과 자꾸만 비교가 된다.

이곳 레스토랑에 들러 샐러드와 차가운 비노 블랑코, 그리고 기가 막히게 맛난 빵을 먹었다. 대단히 행복한 순간이다. 얀은 내가 즐겁고 맛있게 음식을 먹는 모습은, 지켜보는 이로 하여금 행복을 느끼게 할 정도로 보기 좋단다. "킴이 맛있게 먹는 것을 보면 나도 행복해져. 이런 순간들이 늘 기억 날 것 같아."

카카벨로스 마을 골목길을 빠져나오는데, 빵 굽는 집 앞에 사람들이 줄지어 서 있다. 아까 먹었던 빵이 바로 이 집에서 만든 것이다. 나도 줄을 서서 보름달같이 둥근 빵 하나를 샀다. 두 손에 단단하고도 따뜻하게 느껴지는 빵의 감촉은 행복의 촉감 그 자체. 아주 단순하고 깊은 만족감으로 느끼는 행복이다. 빵을 들고 나도 모르게 얼굴 가득 미소를 지었나 보다. "킴, 세상에서 제일 행복한 사람 같아." 그런 나를 보고 얀이 말했다. 빵 하나로 세상에서 제일 행복한 사람이 되어보는 것도 나쁘지 않다. 카카벨로스처럼 휴먼 스케일로 어여쁜 곳에서는!

유쾌한 마법사의 알베르게

오래도록 이어지는 포도밭 사이 길이다. 항상 함께하는 우리 일행이 모두 한 줄로 가게 되었다. 간혹 길가에서 한창 익어가는 체리를 따먹는 이들도 있다. 주인이 있는 나무라는 것을 알기에 얀과 나는 따먹지 않는다. 가끔 체리를 따들고 나와 파는 노인들을 보았다. 체리가 잘 익기 기다렸다가 몇 푼의 돈을 받고 순례자들에게 판다. 그런데 이렇게 지나는 순례자들마다 몇 개씩 따먹는다면 그들은 결코 체리를 수확하지 못할 것이다.

뢰네가 앉아 쉬고 있다. 조용히 다가가 그의 어깨에 손을 올리니, 뒤돌아보지 않고도 그가 내 이름을 부른다. 오늘 길은 어제보다 평탄하다. 그래서 그의 핏발선 눈도 좀 덜하고 표정도 밝다. 다행이다.

지금 가는 비야프랑카에는 꼭 머물겠노라고 별표까지 해둔 사설 알베르게 '아베 페닉스'가 있다. 비야프랑카 알베르게. 숙박비 5유로, 침대 수 60, 50 두 군데와 사설 알베르게 아베 페닉스가 있다. 주인이 독특한 방법으로 알베르게를 운영하며, 특별한 이벤트를 제공하기로 유명한 곳이다. 저렴한 식사 제공은 물론, 무료로 순

카스티야레온의 포도가 익어가는 들판.

이른 봄 프랑스에서부터 애견과 걸어왔다는 그는 다시 걸어서 집으로 가는 중이다.
길을 걸으며 시간은 중요하지 않다고 한다. 어깨에 둘러멘 플라스틱 물통은 개를 위한 것이다.

례자들의 피로를 풀어주는 자연 치료법을 펼친다. 특별 이벤트란, 밤에 순례자들을 데리고 숲으로 가 고대 갈리시아 마녀들이 즐겨 마신 음료를 만드는 퀘이마다 의식을 보여주는 것이다. 그 음료는 강한 알코올과 물을 함께 끓여 설탕, 커피, 레몬, 오렌지 껍질 등을 넣은 것으로 아주 독하다. 알베르게의 주인인 헤수스 하토는 이 행위를 유머와 풍자적인 주문으로 한껏 드라마틱하게 연출한다. 가끔 하토가 심오한 진리를 터득한 사람이라고 생각하여, 그의 제자가 되기를 원하는 사람들도 가끔 있다고 한다. 그러나 하토는 단호히 거절하며, 그저 산티아고 가는 길의 순간들을 즐긴 것으로 여기라고 당부한다고 한다.

그러나 별표를 진하게 그려놓고 꼭 가보리라 했던 그곳을 당장 눕고픈 마음이 앞서 포기하고 마을 입구에 제일 먼저 나타난 알베르게로 들어갔다. 이로써 지금까지 별표를 해두고 가보리라 다짐한 곳은 모두 지나쳤다. 특별한 이벤트는 지친 몸 앞에서 너무 무기력하다.

이곳에서도 피아와 세자레는 뢰네를 피해 다른 알베르게로 갔다. 우울한 장면이다. 내일은 최악의 코스를 지나야 한다. 많은 순례자가 배낭 배달을 신청했다. 뢰네도 배낭을 다음 목적지인 오 세브레이로까지 택시로 보낸다고 했다. 정말 잘한 생각이다. 내게도 권유했지만 이제 배낭이 늘 입는 하나의 겉옷처럼 느껴지기에 그냥 들고 가기로 했다. 너무 힘이 들면 산마루에 있는 오 세브레이로 바로 앞 마을에서 머물면 된다. 행복한 나그네는 지치고 또 지쳐도 미소로 카미노의 밤을 맞는다.

Day 29

비야프랑카 델 비에르소 → 라 파바 (24km)

Villafranca del Bierzo → La Faba

첩첩산중의 매춘 클럽

이른 아침, 알베르게 현관에 배달을 요청한 배낭들이 수북이 쌓여 있다. 험난한 코스를 앞에 두고 있다는 표시다. 많은 사람이 배낭을 벗어놓고 이미 길을 떠났다. 마을을 빠져나온 순례자들 거의 모두가 자전거 도로를 택했다. 산길은 험하고 경사가 심한데다가 7km나 더 걸어야 하기 때문이다.

이 첩첩산중, 마을과도 훌쩍 떨어진 곳에 클럽이라는 간판을 달고 있는 건물이 있다. "저 클럽 말이야. 정말 제대로 있어야 할 곳에 있군. 이렇게 외딴 클럽에서는 밤새 시끄럽게 떠들고 놀아도 이웃한테 별 지장 주지 않고 좋잖아. 난 스페니시들이 밤새 시끄럽게 노는 것에 완전 질려버렸어." 안은 내 말이 끝나자마자 요절복통 웃음을 터트린다. "킴! 이 클럽은 그런 곳이 아냐. 공식 매춘 업소라고." 이번엔 내가 놀랐다.

이 길을 지나는 이들은 대부분 순례자들과 화물 트럭 운전자들이다. 누군가는 생각할 것이다. 종교적인 도덕성을 떠나서 종일 걷는 피로로 순례자들은 성적인 관심이 없을 것이라고. 그러나 중세에도 순례자들을 상대로 매춘이 성업했다는 기록이 있다. 인류학자며 작가인 낸시 루이스 프레이의 『산티아고 콤포스텔라 스토리』에는 일흔이 넘은 순례자가 산티아고 길을 걸으며 몸이 회춘한 경험담이 쓰여 있다. 그 늙은 순례자는 하루에 세 번이나 다른 여성을 안았다고 한다. 아마도 가장 인간적인 리듬으로 길을 걸으며 대자연의 깨끗한 정기를 품어 안았기에 가능한 일이었을 터이다.

젊은 청춘들 역시 따로 또 같이 다니며 하룻밤의 정사를 즐긴다. 어떤 순례자들은 여행 내내 함께하며 사랑을 키우기도 한다. 헝가리 아가씨와 독일 청년이 그랬고, 독일 아가씨와 영국 남자가 그랬다. 중년이 훌쩍 넘은 브라질 아줌마는 남자들의 엉덩이와 등을 어루만지며 노골적으로 유혹했다. 살아 있다면 사랑하라더니, 카미노에서도 사랑은 각양각색으로 넘실댄다. 보라, 첩첩산중의 매춘 클럽은 오늘도 성업 중이니!

직각의 경사

작은 실개천이 흐르는 마을을 통과한다. 반짝이는 은결의 유혹에 훌쩍 몸을 내맡기고 싶다. 배낭 따위야 나 몰라라 팽개치고 말이다. 그대로 물살에 내 몸을 맡기고 둥실둥실 떠내려간다면 오죽 좋을까. 직각에 가까운 경사가 이어지는 오늘의 난코스를 앞에 두고, 난 저 냇물의 송사리가 무척이나 부럽다.

드디어 경사의 시작이다. 5분을 걷고는 지팡이에 의지해 선 채로 꼼짝없이 5분을 쉬어야 한다. 오늘 구간이 산티아고 가는 길 중 가장 힘들기로 악명 높은 지역이다. 그래서 배낭을 배달시키고 홀몸으로 걷는 순례자들이 유난히 많다. 우리 일행도 오 세브레이로는 내일 넘고 오늘은 산중턱의 마을인 라 파바에 머물기로 했다. 아무리 호흡을 다스리며 걸어도 눈물이 뚝뚝 떨어진다. 하지만 멈추지 않았다. '아무리 높은 태산이더라도 결국은 하늘 아래 뫼! 오르고 또 오르는 거야. 뒤로 물러설 수도 없다고….'

숨을 할딱거리며 서 있는데 발치에 물병이 떨어진다. 앞서가던 얀이 언덕 위에서 나를 기다리다가 마시라고 던져준 것이다. 물이 거의 다 떨어져 아끼느라 간신히 목만 축이며 왔는데, 얼마나 고마운지. 그런데 얀이 그보다 더 고마운 말을 한다. "알베르게에 거의 다 도착했어!"

알베르게라 파바 알베르게. 숙박비 5유로. 침대 수 35. 마당에는 서쪽을 향해 선 순례자의 동상이 있다. 마치 힘겹게 들어서는 순례자를 맞아주는 듯한 모습이다. 마당에서 쉬고 있던 순례자들은 그 동상을 끌어안고 오늘의 도착 세리모니를 하는 나를 보고 사진을 찍어댄다. 카메라를 미처 꺼내지 못한 이들은 잠시만 그대로 있어달라고 부탁한다. 사실 굳이 부탁할 필요도 없다. 어찌나 힘든지 나도 동상처럼 완전히 굳어버렸으니 말이다.

알베르게 등록을 하려 일어서는데 현기증이 일며 몸이 크게 휘청한다. 침대로 쓰러짐과 동시에 기절하듯 잠이 들었다. 한참을 누웠다가 나가본 마당에는 낯익은 얼굴들이 다 모여 있다. 말 그대로 가족같이 느껴지는 일행들이다. 벌써 한 달 가까이 함께 걷고 먹고 자고 한 나의 카미노 친구들. 길을 찾아 떠났는데 길은 고맙게도 가족만큼이나 절실하게 궁금한 친구들을 내게 선물했다.

라 파바 → 트리아카스텔라 (26km)

La Faba → Triacastela

파울로 코엘료

   오늘 드디어 또 하나의 산을 넘는다. 칸타브리아 대산맥의 남서쪽 끝자락, 산티아고 길의 마지막 난관, 바로 오 세브레이로O Cebreiro에 오르는 코스다. 해발 900m인 라 파바에서 1,290m의 산마루께인 오 세브레이로 알베르게까지 가파른 경사길 5km를 올라야 한다.

   키 작은 잡목과 노란 꽃으로 뒤덮인 산등성이를 오르노라면 사방을 둘러보아도 경외감을 느끼게 하는 웅장한 산맥이 끝없이 펼쳐진다. 돌로 만든 커다란 이정표가 이제 카스티야레온에서 갈리시아로 넘어간다는 사실을 일러준다. 산 아래 골짜기에서 풍경 소리가 들린다. 소리를 따라 내려가면 불쑥 암자가 나타날 것 같다. 하지만 산 아래에는 암자가 아니라 수도원이 있고, 풍경 소리처럼 들린 것도 실은 소 방울 소리다. 라 파바에서 본 소들이 목에 큼직한 방울을 달고 있었는데 그 방울소리가 골짜기에 퍼져 산마루에 서니 마치 풍경 소리처럼 들리는 것이다.

   파울로 코엘료가 이곳을 걸은 때는 1986년. 람의 마스터 서품식에서 받지 못한 검을 찾기 위해서다. 그는 이곳 오 세브레이로의 작은 교회에서 마스터의 검을 찾고서는 그 즉시 걷기를 중단해 버스를 타고 산티아고 데 콤포스텔라로 갔다. 영적 여행이었던 『산티아고 가는 길』을 책으로 출판했고 세계적인 베스트셀러가 되었다.

드디어 해냈다. 가장 힘들다는 길을 마친 것이다. 오 세브레이로까지 오르는 길은 어찌나 험한지 '죽음의 길'이라 불린다. 죽음의 길을 마치고 고지에 오른 코엘료는 거기서 심오한 깨달음을 얻고 걷기를 그만두었지만, 나는 걷기를 그만둘 마음이 조금도 없다. 몸은 녹초가 되었지만, 이 길에서 나는 서로를 배려하며 함께 걷는 친구들과 우정을 나누며, 새로이 샘솟는 자신감으로 충만하다.

1,350m 고지의 산마루에서는 엽서에서나 보던 파요사 palloza를 처음 보았다. 낮고 둥근 벽 위에 원뿔형 초가지붕을 멋지게 올린 고대 켈트족의 전통 집이다. 산의 강한 바람을 잘 견디도록 만들어진 구조라고 한다. 지금은 보존용이자 전시용이지만 가끔 이곳에서 전통 훈제 소시지와 햄을 만들기도 한다. 초가지붕 꼭대기의 작은 파이프 같은 굴뚝에서 연기를 내뿜으면서 말이다.

오 세브레이로 마을에는 유명한 전설이 깃든 교회가 있다. 산타 마리아 이글레시아 교회. 최후의 만찬에서 쓰였다는 성배가 보관되어 있는 곳이기도 하다. 때는 14세기. 산 아래 마을의 가난한 농부가 미사에 참석하려고 모진 폭풍우를 뚫고 교회로 향했다. 미사를 집전하던 신부는 그를 빵과 포도주를 먹으러 온 어리석은 사람이라고 업신여겼다. 그러나 그 농부가 받은 한 조각의 빵과 포도주가 살과 피로 변하는 기적이 일어났다. 또 그 기적을 보기 위해 마리아상이 머리를 기울이는 기적이 연달아 일어났다. 이 소식이 유럽 전역으로 삽시간에 퍼져 오 세브레이로가 유명한 마을이 된

고대 켈트족의 전통 집 파요사. 낮고 둥근 벽 위에 원뿔형 초가지붕을 올려
산의 강한 바람을 잘 견디도록 만들었다.

알토 데 산 로케에 우뚝 서 있는 해발 1,270m인 대형 순례자상. 강한 바람에 날아가지 않도록
왼손을 모자에 얹고, 오른손은 지팡이를 짚은 채 서쪽을 바라보고 있다.

것이다. 물론 지금 있는 교회는 50여 년 전에 새로 지은 건물이다.

오 세브레이로를 떠나 산등성이를 따라 또 하나의 산마루인 알토 데 산 로케(해발 1,270m)에 오르면 대형 순례자상이 우뚝 서 있다. 강한 바람에 날아가지 않도록 왼손을 모자에 얹고, 오른손은 지팡이를 짚고 서쪽을 바라보는 모습이다. 역시나 바람 끝이 매섭다. 추워서 잠시도 쉴 엄두가 나질 않는다. 갈리시아의 날씨는 변덕이 심하다. 하루에도 몇 번씩 비가 왔다 그쳤다 하기 때문에 비옷은 필수. 지금껏 배낭 밑 깊숙한 곳에 처박혀 있던 판초우의가 제 몫을 하려나 보다.

맛에 대한 심오한 깨달음

산티아고 가는 길에서 가장 작은 교회가 있는 마을에서 점심을 먹었다. 지금까지 먹어본 샐러드 중 단연 으뜸이다. 뒷밭에서 뜯은 양상추에 두 종류의 치즈, 큰 토막 햄 두 조각, 참치, 신선한 토마토, 향이 살아 있는 올리브기름과 올리브. 이 순간 파올로 코엘료의 지성도 명성도 부럽지 않았다. 그는 심오한 영적 깨달음을 얻었다지만 나는 심오한 맛을 즐기는 기쁨을 느꼈으니 말이다. 그것도 파올로 코엘료가 걷지 않은 이곳에서 말이다.

"얀! 난 꼭 산티아고 길을 다시 걸을 거야. 내년 아님 후년? 그리 멀지 않은 때에 말야."

"넌 꼭 맛있게 먹은 후에 그 얘길 하는구나. 지난번 바에서도 그랬던 것 같은데."

가파르게 내려가는 길도 이제 두렵지 않다. 배도 부르고 마음도 부르니 무릎 아픈 줄도 모르고 즐겁게 걷는다. 이렇게 경외감을 불러일으키는 대자연 속에서 가장 인간적인 리듬으로 걷고, 곤하게 자고, 순박한 장소에서 먹는 음식에 행복해하는 나 자신을 발견한 것이 한없이 기쁘다.

오 세브레이로를 지나자 길 위의 질펀한 소똥을 피해 트위스트 춤을 추듯 요리조리 피해 걷게 된다. 소가 있는 농가를 지날 때는 짙은 들꽃 향기와 톡 쏘는 축사 냄새를 동시에 맡아야 한다.

트리아카스텔라 마을 입구의 알베르게트리아카스텔라 알베르게. 숙박비 5유로. 침대 수 56, 38 두 군데. 사설 알베르게도 여럿 있다. 안으로 들어서는 순간 온몸이 파르르 떨렸다. 이건 나를 위한 음악이다! 베토벤의 「바이올린 콘체르토」! 도입부의 북소리가 나를 머나먼 길로 인도하는 세리모니와도 같은 곡이다. 배낭을 내려놓고 조용히 앉으니 그만 스르르 눈물이 흐른다. 방해받지 않고 이대로 잠시 있고 싶다. 난데없는 내 눈물을 본 얀과 친구들은 다가와 걱정하지만, 난 아픈 것이 아니다. 기차로 북아메리카 대륙을 여행할 때 마치 출정식의 팡파르처럼 이 곡을 들었다. 감동과 함께 밀려드는 그리움이 눈물이 되어 흐르는 것이다.

알베르게 주인은 베토벤과 드보르작을 좋아해 그들의 CD가 많았고, 오디오에서 계속 음악이 흘러나오게 해두었다. 그녀는 내게 향이 좋은 커피를 한 잔 갖다주며 다정하게 챙겨주었다. 저녁을 먹으며 얀이 내게 말했다.

"내일 도착하는 알베르게에서는 내가 먼저 울어버릴 거야. 오늘 네가 마신 그 특별한 커피를 나도 맛보고 싶거든."

들판에서 한뎃잠을 잔 순례자들이 침낭을 입은 채 춤을 추며 몸을 푼다.

대서양

리바데오

핀니스테레
물레이로아

산티아고 데 콤포스텔라

팔라스 데 레이

사리아

뻬그레이라

아를수아

아르카 오 비노

뽀르또마린

뜨리아까스뗄라

아스토르가

영국

아일랜드

대서양

프랑스

독일

스위스

이탈리아

스페인

포르투갈

포르투갈

지중해

알제리

━━ 프랑스 길 ━━ 갈리시아 이동경로

갈리시아

비스케이 만

빌바오　　　　산세바스티안　생장피드포르

론세스바예스　　　프랑스

부르고스

스페인　　　　0　　　　50km

사라고사

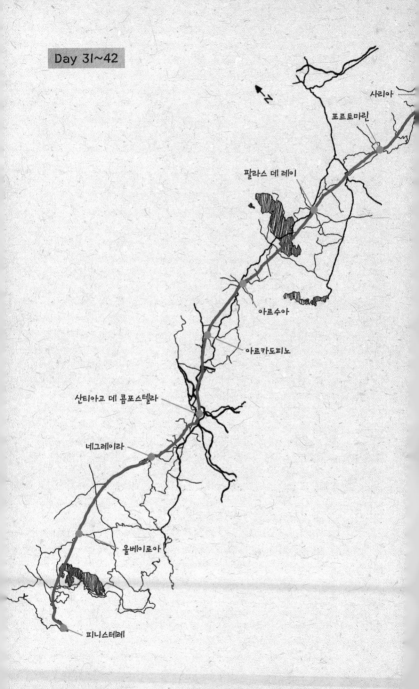

Day 31~42

사리아

포르토마린

팔라스 데 레이

아르수아

아르카도피노

산티아고 데 콤포스텔라

네그레이라

올베이로아

피니스테레

Day 31

트리아카스텔라 → 사리아 (22km)

Triacastela → Sarria

일본 사무라이와 묵언 수행하는 중국 승려

이제 더 이상 크루즈 데 이에로 구간이나 오 세브레이로 같은 험한 산을 오르는 길은 없다. 오늘도 깔딱고개를 한 번 넘어야 하지만 이제 못 오를 산이 없을 것 같은 자신감이 넘친다. 힘든 고비들을 넘겼다는 성취감과 안도감이 그만큼 크다. 오늘은 오랫동안 얀과 함께 걷고 있다. 얀이 나의 걷는 리듬에 맞춰주기 때문이다. 얀은 어제 저녁 독일인과 나눈 대화를 들려주었다.

하루에 35~40km를 걷는 그 독일인의 말에 의하면 우리 뒤로 이틀 거리쯤 떨어져 한 중국인 승려가 묵언 수행을 하며 걷고 있다고 한다. 늘 밥을 지어 먹으면서 말이다. 며칠 전, 도닐은 전통 사무라이 복장을 하고 아무런 배낭도 없이 걷는 일본인을 보았다고 한다. 일본 무사와 중국 승려가 산티아고 가는 길의 순례자가 되어 그 많은 유럽인 사이를 걷고 있다는 것이다. 정말 흥미로운 모습이다. 두루마기에 봇짐을 짊어진 한국 선비도 한 명 걷는다면 제대로 구색이 맞을 텐데.

순례자들은 하루에 보통 20~30km를 걷는데 빠르게 걷는 이들은 40km도 걷는다. 날개 달린 신발을 신은 전령 헤르메스를 닮은 이 속보 순례자들은 길에서 일어난 이러저러한 특별한 소식들을 전해준다. 산티아고 가는 길의 뉴스 리포터 같다. 얀 또한 이런 주변의 소식을 재빨리 수집해 길을 걷는 동안 내게 소상히 들려주는 고마운 리포터다. 얀과 함께 바에서 차를 마시며 알베르게의 문이 열리기를 기다렸다. 사리아 알베르게. 숙박비 3유로(기부금). 침대 수 40, 26 두 군데. 그밖에 몇 곳이 더 있다. 테이블 아래에서 한낮 더위를 피해 잠든 개가 꿈을 꾸는지 계속 다리를 움직이며 자고 있는 것을 본 얀이 어김없이 농담을 던진다.

"킴! 이 개도 산티아고로 가고 있나봐. 보라구, 너처럼 잠을 자면서도 걷고 있잖아."

사리아 → 포르토마린 (23km)

Sarria → Portomarin

바디 랭귀지

동트기 전부터 사리아의 하늘에 천둥 번개가 요란하다. 아무래도 큰 비가 올 듯했다. 판초를 아예 배낭 밖에 꺼내놓고 출발했다. 어두운 사리아의 골목길을 벗어나 산길로 접어들도록 새벽 닭 울음소리가 계속 들린다. 부지런한 목동이 소를 몰고 지나간 길을 간다. 길 위에 질펀하게 쌓인 소똥을 피해가며 걷는다. 마른 흙길 위로 길 잃은 달팽이가 힘겹게 가고 있다. 소도 걷고 달팽이도 걷는 길이다. 며칠 전 길 잃은 달팽이를 지팡이로 살짝 밀어 풀숲으로 인도하려 했는데 의도와는 달리 등껍질이 조금 깨져버리고 말았다. 이번엔 달팽이를 손으로 살짝 들어올려 커다란 풀잎 위에 올려놓았다. 내 살마저 촉촉해진 기분이다.

짧은 커트 머리에 항상 붉은 립스틱을 바르는 프랑스 할머니와 드골 장군 같은 할아버지 커플은 손을 잡고 다닌다. 함께 노래를 부르며 걷기도 하고, 늘 웃는 모습이다. 두 분은 영어를 하지 못해 이해를 돕기 위해 주로 바디 랭귀지로 대화를 나눠야 했다. 이를테면 물을 많이 마셔야 무릎이 아프지 않다는 걸 이야기하려면 물 먹는 시늉과 더불어 무릎을 쓰다듬으며 인상을 짓는 식이다. 그렇게 하다 보면 몸동작으로 잘 주무셨는지, 잘 드시는지, 몸은 괜찮은지 등을 별 어려움 없이 여쭐 수 있다.

혼자 걷는 내게 할머니께서 얀은 어디 있냐며 묻는 장면이다. 자신의 결혼반지를 가리키면서 얀이 어디 있는지 검지로 허공에 동그라미를 그리는 할머니. 할머니는 얀을 내 남편으로 생각했던 거다. 귀엽고 애교 있는 할머니의 표현에 카트리나를 비롯한 일행들이 배꼽을 잡고 웃었다. 배가 아프도록 웃고 나면 힘든 길도 한결 거뜬하다. 단전호흡이 아니라 단전웃음의 효능인 게다.

오르막과 내리막길의 연속이다. 앞서 가던 얀이 저만치서 나를 기다린다. 아마 경사가 심한 비탈길이나 애매한 갈림길이 있나 보다. 그는 늘 그런 자리에서 나를 기다린다. 아니나 다를까, 얀이 서 있는 곳은 경사도가 거의 직각인 내리막길. 얀은 내게 자신의 지팡이를 내주고 앞장선다. 내리막길에서 지팡이 두 개를 사용하면 무릎이 훨씬 덜 아프다. 힘들 때마다 지팡이를 내주고 갈림길에서는 길을 잃지 않도록 이정표 역할을 해주는 고마운 내 친구, 얀!

비탈길 아래로 흐르는 넓은 강 위에 다리가 놓여 있다. 이 다리를 건너면 포르토마린이다. 포르토마린 알베르게. 숙박비 3유로(기부금). 침대 수 160. 포르토마린은 댐 건설로 인해 수몰된 집들을 언덕 위로 이주시켜 새롭게 만든 마을이다. 다리를 건너는데 어찌나 무서운지 아래를 내려다볼 엄두도 못 내고 오로지 앞만 보고 걷는다. 후들후들~. 다리가 끝나는 지점에서 마을로 오르는 곳은 가파른 계단이다. 또 후들후들~. 힘들게 올라가니 프랑스 아줌마 카트리나가 두 팔 활짝 벌려 나를 환영한다. 친구들의 너른 품이 기다리는 곳, 알베르게는 그런 곳이기도 하다.

포르토마린 → 팔라스 데 레이 (26km)

Portomarin → Palas de Rei

빗속을 걸으며

천둥소리와 함께 떠들썩한 빗소리에 잠이 깼다. 창밖을 바라보니 번개가 마치 레이저 쇼 하듯 번쩍거린다. 과연 걸을 수 있을까? 로비로 나오니 모두들 떠날 채비를 하고 근심스러운 얼굴로 앉아 있다. 단연 일찍 출발하는 뢰네 할아버지 역시 비가 잦아들기를 기다린다. 지붕을 두드리는 빗소리가 마치 구멍이라도 낼 듯 달려드는 기세다. 무시무시하다. 날이 밝고도 한동안 망설이다가, 살짝 빗소리가 약해지자 용기를 내 알베르게를 나왔다. 그런데 밖에 나오자 우리가 안에서 들은 빗소리가 실제보다 더 컸음을 깨달았다. 비가 적잖이 오기도 했지만, 쉽게 밖으로 못 나올 정도는 아니었다. 빗소리가 크게 들린 것은 알베르게 지붕이 함석지붕이었기 때문이다.

어제 건넌 강을 다시 건너야 한다. 그것도 어제보다 더 폭이 좁고 위험해 보이는 다리를 말이다. 앞서 가는 얀을 불러 도움을 청했다. 얀의 손을 잡고 부들부들 떨며 높고 좁은 긴 다리를 겨우 건넜다. "용기 넘치는 너도 높은 다리에는 약하구나." 사시나무처럼 후들대는 내가 우스운지 얀은 또 놀리려든다.

빗줄기는 가늘어졌다 굵어졌다 오락가락이다. 짙은 운무는 바람결을 따라 산등성이를 떠돌아다니고 물먹은 솔가지는 바람에 무겁게 흔들린다. 오직 젖은 모래길만이 발걸음 따라 가볍게 사그락거린다. 사그락 사그락. 카미노가 지친 나를 위로하는 가볍고 유쾌한 소리다.

끝없이 오르는 언덕길로 온몸이 땀에 젖었지만, 비구름 걷힌 마을과 산등성이는 더욱 맑고 아름답다. 밤나무 숲에서 풍기는 진한 밤꽃 향기와 길가에 흐드러지게 핀 들꽃의 향기도 더욱 진하게 느껴진다. 꽃 피는 계절, 비를 만난 갈리시아의 들길은 거대한 허브 농장 같다. 진동하는 소똥 냄새를 겨우겨우 견뎌내는 것도 그 향취 덕분이리라.

섬머타임

갈리시아는 한국의 장마 때처럼, 이제껏 지나온 지방과 달리 후텁지근하다. 산맥을 넘어 왔더니 대서양 기후권에 접어들었는지, 습도가 부쩍 높아졌다. 알베르게 여기저기 젖은 옷들이 걸려 있다. **팔라스 데 레이 알베르게. 숙박비 5유로. 침대 수 60. 사실 알베르게 여러 곳이 있다.** 바람이 통하는 곳이라면 어디나 알뜰히 내다건다. 심지어 화장실 창문에도 누군가의 양말이 널려 있다. 모두들 옷을 널어두고 바 순례에 나섰다.

바야흐로 산티아고 길이 끝나가고 있다. '카미노를 온전히 걸었구나'라는 뿌듯함은 잠시일 뿐이고, 우리는 길이 끝나고 있는 게 그저 아쉬울 따름이다. 그중에도 친구들과 헤어져야 한다는 아쉬움이 가장 크다. 그래서 바 여기저기를 돌아다니며 함께 걸었던 일행들을 찾아 사진을 찍고 메일 주소를 나눈다.

어슬렁어슬렁, 기웃기웃거리다가 한 곳에서 카트리나 일행과 만나 차가운 와인을 한 잔씩 하며 메일 주소를 주고받았다. 다른 곳으로 옮겨 행크와 마이라도 만났다. 저녁을 먹으러 간 레스토랑에서는 시애틀 일행과 샌

비를 만난 갈리시아의 들길은 거대한 허브 농장 같다.

프란시스코 아줌마들을 만났다. 너무 시끄러워 피해 다녔던 스페인 일행도 만났다. 식사를 하고 돌아오니 피아와 세자레, 그리고 프랑스 일행이 도착해 있었다. 서로를 바라보는 시선에 아쉬움이 가득하다.

"오! 비노 블랑코! 나이스!" 뢰네가 얼큰하게 취해 들어오며 그렇게 외치고는 두 손을 하늘로 펼치고 노래를 시작한다. "Summer time~ and the living is easy. Fish are jumping and the cotton is high. Your daddy is rich and your mama is good-looking. So hush, little baby, don't cry…." 이제 산티아고에 다 왔다는 아쉬움과 또 한 번의 순례길을 완성한 성취감이 그를 흥겹게 했으리라. 우리 모두가 그런 마음이다. 마음만 하나가 아니었다. 뢰네를 따라 「섬머타임」을 부르며 춤을 추는데도, 우리는 하나였다.

내일은 얀의 아내 마르야와 헤니, 얀의 친구가 네덜란드에서부터 차를 타고 그를 데리러 온다. 같은 날 생장에서 출발하여 한 달이 넘도록 같이 먹고 자고 걸으며 지낸 얀. 좋은 친구를 떠나보내야 하는 마음이 예상보다 더 아프다. 그는 나만의 노란색 화살표였고, 힘겨운 장소마다 나를 기다려주는 든든한 존재였다. 길 위에서 일어나는 사건과 정보들을 소상히 들려주었으며, 익살맞은 흉내와 유머로 즐겁게 해주었고, 큰오빠처럼 자상하게 보살펴주기도 했다. 예의 있고 사려 깊은 태도로 나를 감동시키고, 때론 장난꾸러기 소년 같은 친구였으며, 헝클어진 털뭉치처럼 다양한 언어로 소통되는 카미노의 혼잡 속에서 가지런하게 나를 인도해준 이도 얀이다.

방 안 가득 서라운드 시스템으로 울리는 코 고는 소리에도 웃으며 잠들 수 있었던 것은 얀이 함께였기에 가능했다. 진정으로 감사하는 마음을 어떻게 전달해야 할지 모르겠는데, 아름다운 시간은 아쉽게도 훌쩍 흘러갔고, 이제 끝을 앞두고 있다. 또 눈물이 흐른다. 눈물이 너무 많아졌다.

82세의 첼리스트 뢰네. 그는 무거운 배낭을 메고 언제나 일찍 출발해 가장 늦게 도착했다.

팔라스 데 레이 → 아르수아 (27km)

Palas de Rei → Arzua

끊임없이 우리를 초대하는 길

돌담 위로 높이 나무집을 지은 창고가 보인다. 전통적인 옥수수 저장고인 오레오Horreo다. 집집마다 오레오가 한두 개씩은 있어 옥수수를 쌓아둔다. 발바닥의 통증이 심상찮다. 가끔 다리에 쥐가 나 멈춰서야 할 지경이다. 몸이 경고를 한다. 더 이상 걷지 말라고. 이제 정말 얼마 남지 않았는데 행여 마저 걷지 못하면 어쩌나 걱정스러워, 자꾸 신발을 벗어 발을 주무르게 된다.

발의 통증으로 오늘은 멜리데에서 머물고 싶은 마음이 간절하다. 그러나 오늘 헤니 일행이 네덜란드에서 도착하기 때문에 그들의 스케줄에 맞추려면 더 걸어야 한다. 뢰네는 보이는 바마다 들러 커피와 와인을 마시며 간다. 이제까지 그는 바에 자주 들르지 않았다. 느리지만 그만큼 일찍 출발해 쉬지 않고 꾸준히 걸었던 그다. 모두들 "쉬었다 가세요"라고 해도 그는 자신의 리듬을 잃지 않고 걸었다. 무사히 마쳐간다는 안도감 때문일까? 다 이루었다는 성취감일까? 뢰네의 나이에 저토록 여유롭고 평화롭게 노년의 인생을 즐길 수 있다는 건 진정 인생의 가장 큰 복이 아닐까 한다.

미국 오리건 주에서 온 캐롤라인에게 내가 지어준 별명은 '산티아고 가는 길의 퀸'이다. 가장 절친한 친구와 함께 온 캐롤라인은 등산용 스틱 두 개를 사용하여 어쩌나 가볍고 빠르게 걷는지 피곤한 기색이 전혀 없다. 늘 캐롤라인이 앞장서고 그녀의 친구는 숨 가쁘게 뒤를 따른다.

한 마을을 지나는데 노신부 한 분이 길을 막더니 손을 잡고 교회로 이끄신다. 작고 오래된 교회인데 순례자 모습의 야고보상이 있었다. 매우 유명한 야고보상이라고 한다. 순례자들의 손을 일일이 잡아주며 어디서 왔는지를 묻는 신부님의 눈빛이 무척 따뜻하다.

"당신은 참으로 행복한 표정으로 걷는군요."

"난 정말 행복하게 이 길을 걸었어요. 그런데 행복하게 걷던 길이 끝나가는 것이 슬퍼요."

노신부님의 말씀에 그렇게 대답하던 캐롤라인의 눈에서 어느덧 눈물이 흐른다. 어떤 마음인지 잘 알 것 같다.

"나도 벌써부터 지나온 길들이 그립고, 아직 끝나지도 않은 길에서 다시 올 준비를 하고 있어. 내년에 남편과 함께 오고 싶어."

캐롤라인의 친구가 옆에서 거든다. 나도 다시 오리라는 말을 몇 번이나 했는지 모른다. 처음 순례를 시작할 때 내가 이런 생각을 하게 될 줄 전혀 예상하지 못했다. 산티아고 가는 길은 끊임없이 우리를 초대하는 길이다. 그런 우리가 모여서 함께 만드는 길이다.

시뇨라! 시뇨라!

너무 힘들어 길가에 누웠다. 겨우 일어나 다시 걷는데 스쿨버스에서 두 아이가 내려 팔랑팔랑 뛰어간다. "시뇨라! 시뇨라!" 뒤에서 누가 나를 부른다. 어린 소녀가 한쪽 바지를 걷어올리고 나를 부르며 뛰어왔다. 무릎이 깨져 피가 흐른다. 그새 넘어졌나 보다.

뭐라 한들 내가 알 리 없는 스페인어로 당당하게 '시뇨라'를 불러 도움을 청하는 어린 소녀. 지쳐 울면서 걸어가던 참이었지만, 그냥 갈 수는 없다. 배낭을 내려놓고 비상약통을 꺼내 알코올 소독 후 약을 발라주고 넓은 치료용 밴드를 예쁘게 붙여주었다. 소녀와 함께 있던 소년이 기쁜 얼굴로 나를 바라본다. 아름다운 아이들이다. 함박웃음 짓는 두 아이의 머리를 한 번씩 쓰다듬으니, 역시 힘이 난다.

이제 얀은 없다

어렵게 알베르게에 도착했다. 아르수아 알베르게. 숙박비 5유로. 침대 수 46. 얀은 이제 알베르게에 없다. 그는 알베르게에서 스탬프만 찍고 가족을 만나러 호텔로 떠났다. 오늘따라 주변에 늘 함께 지내던 친구들도 없다. 내가 늦게 도착한데다가, 함께 방을 쓰던 일행들이 모두 리바디소에 머물기 때문이다. 이렇게 허전하고, 이렇게 서운할 수가.

발에 바른 통증 완화 크림 냄새가 온몸으로 번진 것 같다. 어느새 잠이 들었다가 배가 고파 일어나보니 침대에 짐만 늘어놓고 모두 밖으로 나간 방은 알베르게답지 않게 적막하다. 창밖의 햇살도 누그러졌다. 식사를 하기 위해 밖으로 나왔다. 늘 얀과 함께 돌아다녔는데 이제는 혼자 바를 기웃거린다.

얀과 헤니가 알베르게로 찾아오기로 했기 때문에 식사를 마치자마자 부랴부랴 돌아왔다. 마당에서 캐롤라인과 얘기를 나누고 있는데 그리운 얼굴이 나타났다. 헤니다. 어찌나 반가운지 또 눈물이 난다. 조금 전에 도착해서 짐을 풀고 곧바로 나에게 왔다면서, 얀은 오랜만에 아내를 만났으니

회포를 풀어야 하지 않겠느냐며 윙크를 한다. 헤니에게 그녀가 사는 도시의 사진집을 선물로 받았다.

우린 손을 꼭 잡고 그동안 밀린 얘기를 나누었다. 헤니를 중도에 돌아가게 한 고통의 원인은 발등에 금이 간 것이고, 무리하게 걸을 때 드물게 나타나는 증상이라고 한다. 잠시 후 새로운 옷으로 갈아입은 얀이 반짝이는 얼굴로 아내 마르야와 함께 알베르게로 왔다. 마르야가 나를 포옹하며 던진 인사가 걸작이다. 자기 남자를 지켜줘서(?) 고맙다는 것이다!

얀은 아내와 통화할 때 하루 동안 일어났던 일들을 비교적 소상히 말하곤 했다. 사랑에 빠진 젊은 커플들, 남자를 유혹하는 브라질 여인 등에 관한 얘기도 했기 때문에 마르야는 나름 걱정스러웠다고 한다. 얀에게 그런 해프닝이 일어나지 않은 것은 나와 함께 다녔기 때문이라며 그런 인사를 한 것이다. 헤니가 마르야에게 얀과 내가 사랑에 빠질 사이가 아님을 보증했다는 얘기를 들으면서는 헤니와 함께 폭소를 터트리며 웃었다.

나도 얀의 아내인 마르야를 정말 만나보고 싶었다. 마르야의 할아버지는 중국인과 인디언의 혼혈이며, 할머니는 아일랜드인이다. 그러나 마르야는 중국인의 모습도, 인디언의 모습도 보이지 않는 보통의 평범한 유럽인이다. 성격이 활달하고 사교적이라 금방 친해질 수 있었다.

저녁을 먹은 뒤 내일 아침 알베르게 앞에서 만나기로 하고 헤어졌다. 얀과 헤니, 나, 우리 셋은 형제자매 같은 마음으로 우정을 쌓으며 산티아고 길을 걸어왔다. 의지했던 친구 얀이 한 여자의 남자이기도 하다는 사실이 이제야 실감난다. 침대가 줄지어 있는 어두운 방으로 혼자 들어서니 외로움도 더욱 진해진다.

Day 35

아르수아 → 아르카 오 피노 (21km)

Arzua → Arca O Pino

얀의 친구, 하리

이른 새벽 얀과 그의 친구 하리가 약속 시간보다 일찍 알베르게로 왔다. 얀이 내게 요거트 한 병을 내민다. "너의 오전 에너지야. 마셔." 거의 아침마다 헤니가 내게 요거트를 챙겨주었다. 헤니가 떠난 뒤엔 얀이 그랬고. 낯선 객지에서 낯선 사람을 이렇게 챙겨주기가 어디 쉬운가. 항상 고맙게 생각했지만, 오늘따라 코끝이 더욱 찡하다.

얀의 고향 친구 하리는 62세로 얀보다 나이가 많지만 어린 시절부터 함께 자란 친구 사이다. 하리는 결혼 40주년 기념으로 회사에서 일주일간 특별휴가를 받았다. 그 특별휴가 중 아내와 이틀을 보내고, 남은 기간 이곳으로 온 것이다. 그는 2년 전 자전거로 순례를 마친 뒤 걸어서 다시 산티아고를 순례하겠다고 다짐했다. 헤니와 얀이 산티아고를 걷는다는 소식을 듣고 며칠만이라도 함께 걸으리란 계획을 세운 것이다.

하리는 네덜란드에서부터 내 이야기를 들었다면서 아마도 헤니와 얀의 친구들은 모두 나를 알고 있을 것이라고 한다. 헤니와 얀 남매는 사교적인 성격이고, 특히 얀은 친구들에게 인기가 많았다. 하루 일과를 마치면 얀은 여러 통의 전화를 받는다. 아내 마르야는 물론 장모와 두 아들, 친구들의 전화가 이어진다. 얀이 네덜란드어로 통화하기 때문에 알아들을 수는 없지만, 자상하고 친절하게 대화를 나누고 있음을 대번에 느낄 수 있다. 그 대화 속에 일상처럼 내 소식도 묻어 전해졌으리라.

하리는 나에게 네덜란드로 꼭 오라고 당부했다. 봄철에 네덜란드를 여행한 적이 있다. 화물선 뱃머리에 앉아 강과 운하를 따라 유럽 여행을 해보는 것이 나의 여행 계획 중 하나다. 겨울에 운하가 얼면 스케이트를 타고 돌아다니기도 하면서 말이다. 그 긴 운하가 언제 꽁꽁 얼어 사람들이 스케이트를 탈 수 있게 될지는 아무도 모르지만, 언제가 되었든 얀과 그의 친구들과 함께 스케이트를 타고 네덜란드 운하를 도는 여행을 하기로 약속했다.

아름다운 풍경 사이로 수북하게 쌓인 소똥을 피하는 게 이제 몸에 배어 익숙하다. 갈리시아에는 정말 소가 많다. 그러고 보니 또 생각나는 전설이 있다. 야고보의 유해가 이곳 갈리시아 해안에 도착했을 때 그의 시신을 알아보고 운구한 것도 바로 야생 소였다. 그 결과 이교도 여왕은 가톨릭을 수용했고, 오늘날 열렬한 가톨릭 신앙의 나라 스페인으로 이어졌으니, 소똥 냄새를 맡으면서도 나는 이 땅의 역사를 떠올린다! 헉, 헉, 너무 힘들다.

다시 함께 걷는 세 사람

개를 데리고 산책하는 벨기에 부부를 만났다. 그들은 말을 타고 두 번이나 산티아고를 갔고, 지금은 자동차로 여행하는 중이다. 부인은 하리와 얀과 대화를 하며 걸었고, 개를 데리고 있던 남편은 나와 함께 걸었다. 남자는 중국과 일본을 방문한 적이 있었고, 동양인에 대한 관심이 많은 것 같았다. 그만큼 주고받는 대화도 재미났다. 개 때문에 걷는 리듬이 맞지 않을 경우 그는 뛰어오든가 좀 기다려 달라며 대화를 이어갔다. 부부가 머무는 호스텔 앞까지 아주 짧은 만남이었지만 퍽 유쾌했다. 그는 내게 명함을 건네며 계속 연락하고 지내자고 한다. 벨기에의 자기 집으로 나를 기꺼이 초대하겠다는 말도 곁들이면서.

아르카 오 피노에 도착했다. 아르카 오 피노 알베르게. 숙박비 3유로. 침대 수 120. 1시에 문을 여는 알베르게 문 앞에 가방들이 벌써 길게 줄지어 섰다. 그늘진 마당에 앉아 쉬고 있으니, 뢰네 할아버지가 들어온다. 그런데 '죽음의 길'에서 따로 걷기 시작했던 피아와 세자레도 함께 들어온다. 그 세 사람이 다시 더불어 걷는 모습을 보니 내 마음도 편해진다.

산티아고의 금, 토요일은 매우 혼잡하니 알베르게에 가지 말고 자신들과 같이 묵자는 마르야의 제안에 따라 호텔을 예약했다. 산티아고에서 쇼핑을 하고 돌아온 헤니와 마르야와 함께 점심을 먹는데 장대비가 쏟아졌다. 세탁해 널어놓은 옷들이 몽땅 젖을 것 같았지만, 그 정도는 걱정도 되지 않는다. 예전 같으면 한바탕 법석을 떨었겠지만, 나도 이제 제법 느긋해졌다.

비가 개자 알베르게 앞에 스페인 고등학생들을 태운 버스가 도착했다. 화물칸에서 짐들을 부리기 시작하더니 이내 여행용 가방이 산더미처럼 마당에 쌓였다. 싱그러운 청춘들도 마당을 가득 메우고 조잘거린다. 재미있는 표정과 열정적인 목소리로 대화를 나누는 모습에 생명력이 넘쳐 보인다. 한여름 매미 울음 같은 대화와 장난으로 떠들썩한 청춘들, 긴긴 순례 길에 지칠 대로 지친 순례자들, 비 온 뒤 아르카 오 피노 알베르게의 풍경은 묘한 대조 속에서 시에스타를 맞는다.

순례자들은 알베르게에 도착한 순서대로 가방을 놓고 기다린다.

아르카 오 피노 → 산티아고 데 콤포스텔라 (21km)

Arca O Pino → Santiago de Compostela

산티아고 대성당으로

새벽부터 유칼립투스 숲길을 상쾌하게 걷는다. 드디어 산티아고로 입성하는 날, 종일 이렇게만 걸어서 도착하면 얼마나 좋을까. 몸은 다시 내게 그만 걸으라는 시그널을 보내지만 무시하고 또 걷는다. 산티아고를 12km 정도 남겨두었을 즈음, 택시 한 대가 서더니 배낭을 멘 두 사람이 내린다. 노란색 화살표를 따라 빠른 걸음으로 숲길로 사라진 그들. 그리 멀지 않은 바에서 다시 만나보니, 그들은 고향에서 그들을 데리러온 가족과 함께 가까운 곳에서 하루를 보내고 마지막 구간의 절반쯤에서 출발해 산티아고로 들어가는 것이다. 누가 뭐라 탓할 일은 아니지만, 우리 일행은 일제히 그들을 살짝 외면하며 입을 삐죽거렸다. 온전히 우리 발로 걸어온 우리의 성취감은 택시를 타고 와 슬며시 새치기하는 이들과 견줄 것이 못 된다.

라바콜라를 지나는 길에 유명한 시내가 흐른다. 중세 시대 순례자들은 제대로 씻을 수가 없었다. 어떤 경우에는 거의 씻지 못해서 유대인이나 무슬림의 비웃음을 사기도 했다. 그런 순례자들이 이곳에서 그들의 더러운 몸과 의복을 깨끗이 씻은 후 산티아고로 들어갔다. 산티아고 데 콤포스텔라로 들어가기 위해서는 정결함이 요구되었기 때문이다. 라바콜라Lavacolla에서 콜라colla는 음낭을 의미한다. 적어도 아랫도리라도 깨끗이 씻고 콤포스텔라로 입성해야 한다는 뜻이다.

알베르게에서 매일 씻고 매일 옷을 갈아입는 오늘날의 순례자들 대부분은 이 냇물에서 몸을 씻어야 했던 유래도 모른 채 지나간다. 난 흐르는 냇물을 바라보다가 들고 있던 지팡이를 물에 넣고 흔들었다. 제3의 발이 되어주었던 내 고마운 지팡이를 처음으로 씻겨준 것이다.

몬테 델 고소Monte del Gozo에 오르니 '페레그리노 요한 바오로 2세'라는 이름의 벽화가 눈에 띈다. 1982년 이곳을 순례한 교황을 기념해 만든 기념물이다. 드디어 산티아고임을 알리는 이정표가 보인다. 마음이 더 급해진다. 내일 떠나는 얀 일행이 12시에 행해지는 순례자를 위한 페레그리노 미사를 보고 싶어하기 때문이다. 곧 나타날 듯하던 대성당은 한참을 걸어도 보이지 않는다. 몇 굽이의 길을 더 지난 뒤 골목길 끝에서 양팔을 벌려 손을 흔드는 마르야를 보았을 때에야 드디어 도착했음을 실감할 수 있었다.

미사 시간에 겨우 맞추었다. 벌써 입장한 헤니를 찾아 들어간 대성당 안은 발 디딜 틈도 없을 만큼 사람들로 가득하다. 2년 전 경험한 하리의 말에 의하면 알 수 없는 스페인어로 진행되는 미사는 졸립지만 보타 후메이로를 보는 것은 즐겁다고 한다. 보타 후메이로는 향을 담은 향로를 천장에 매달아 성당의 좌우로 왔다 갔다 하는 제사 의식의 일종이다. 누군가의 봉헌으로 시행되는 것인데 다행히 봉헌한 사람이 있어 볼 수 있었다. 그러나 워낙 사람이 많아 높은 공중을 날아다니는 향로와 카메라를 든 손들만 실컷 구경했다. 경황 중에 도착해 어리둥절한 기분으로 지켜본 대성당의 행사는 그저 남을 위한 기념식일 따름이다.

미사를 마치고 우린 순례자협회 사무실로 갔다. 순례자협회에 등록을 해야 나를 위한 기념행사를 즐길 수 있다. 그 기념식은 내일 12시에 있다. 순례자협회 사무실은 해냈다는 기쁨이 넘쳐나는 얼굴들로 가득하다. 협회 봉사자들에게 그동안 스탬프를 찍은 순례자 증명서를 제출했다. 내 순례의 기록을 꼼꼼히 살펴보는 그들 앞에서 충실히 걸어온 나는 연신 어깨를 들썩거린다. 기쁨에 넘치는 순례자들과는 달리 봉사자들은 지극히 사무적인 모습으로 완주증명서를 내준다. 나와 얀은 완주증명서를 받았고, 헤니는 우리와 좀 다른 증명서를 받았다. 뿌듯한 마음으로 증명서를 받아들고 나와 기념사진을 찍었다. 얀과 함께 36일 동안 약 800km를 걸었지만 함께 사진을 찍는 것은 처음이다. 헤니와 마르야가 우리를 축하해주었다. 또 한 번 이유 있는 눈물이 흐른다. 해냈다는 기쁨의 눈물이며, 함께 지낸 친구들과 헤어져야 하는 아쉬움의 눈물이다.

마르야가 잡은 호텔은 대성당 바로 옆이다. 산티아고 알베르게, 5유로, 침대 수 100. 산티아고에는 이 밖에도 다양한 숙소가 있다. 호텔에 짐을 풀고 길가의 파라솔 밑에 앉아 차가운 비노 블랑코를 마시며 지나는 이들을 바라보니 모두 반갑고 정겨운 친구로 느껴진다. 하루 일정을 마치는 이 시간쯤이면 늘 숙소에 모이던 친구들이 이제는 산티아고 곳곳으로 모두 흩어졌다. 우리 모두는 오늘 저녁 7시에 대성당 앞에 모여 자축 행사를 하기로 했다. 손에 손을 잡고 춤을 출 것이다.

헤니, 나의 갈대밭이 되다

시에스타를 즐긴 후 헤니와 함께 골목길의 수많은 기념품 가게를 기웃거리며 구경했다. 그러나 발의 통증이 도져, 축구 경기를 보는 얀과 마르야가 있는 바에 들어가 저녁에 있을 일행들과의 자축 행사를 기다리며 시

몬테 델 고소의 벽화. 1982년 교황 요한 바오로 2세가 산티아고를 다녀간 후
교황의 순례를 기념해 만든 기념물이 '페레그리노 요한 바오로 2세'.

간을 보냈다. 그런데 저녁 무렵부터 장대비가 쏟아지기 시작하더니 약속시간이 넘도록 그치질 않는다. 바에 갇힌 채 발만 동동 굴러야 하니, 참으로 야속한 비다.

사람들로 넘쳐났던 골목은 폭우로 텅 비었다. 비 개인 뒤 대성당 앞으로 가서 혹시나 나타날까 친구들을 기다려봤지만 한참 동안 내린 비가 친구들의 발길을 묶어버렸다. 무심한 비 같으니… 얀과 내가 서운한 마음으로 차마 발길을 돌리지 못하고 있으니 하리와 헤니가 우리를 위로한다. 마지막 저녁 식사를 멋지게 하자며 고급 레스토랑으로 갔다. 그곳에서 마르야가 내게 선물을 주었다. 기념품 가게에서 산 행운의 돌이다. 얀도 내게 선물이라며 상자를 내민다. 칠보로 만든 조개 목걸이다. 마르야의 센스였을 것이다. 두 부부는 내 코끝이 찡하도록 감동시켰지만 미처 선물을 준비하지 못한 나는 그들에게 마음밖에 주지 못했다.

대성당 서쪽 앞마당에서 스페인 전통 음악을 연주하는 그룹이 아쉬움으로 잠들지 못하는 이들을 위로하려는 듯 흥겨운 연주를 펼쳤다. 우리는 음악에 맞춰 춤을 추며 유쾌한 시간을 즐겼다. 호텔로 돌아와 헤니와 함께 침대에 누워 오랫동안 사는 이야기를 나눴다. 딸과 손녀, 헤어진 남편에 대한 얘기와 나의 가족 이야기. 서울의 오랜 친구에게도 터놓고 말하지 못했던 나의 괴로운 심사도 편하게 얘기할 수 있었다. 헤니와 난 "임금님 귀는 당나귀 귀"라고 갈대밭에서 소리 지른 이발사 같은 심정이었다. 누구에게 호소한들 부메랑처럼 돌아와 다시 내 가슴에 비수로 꽂힐 것 같았기 때문에 늘 가슴속에 담아둘 수밖에 없었던 이야기들. 우린 서로에게 갈대밭이 되어주었고, 같은 심정으로 온전히 이해하며 서로의 마음을 나눌 수 있어 밤새도록 행복했다.

산티아고 데 콤포스텔라
Santiago de Compostela

친구여, 아디오스!

새벽 5시. 우리가 헤어지는 아침이다. 호텔에서 나와 주차장까지 가는 동안 아무도 말이 없다. 하리가 내게 아쉬운 듯 포옹을 하고 먼저 차에 탔다. 마르야가 꼭 자기 집에 놀러오라며 내 양 볼에 입 맞추고 운전석으로 갔다. 헤니도 나의 양 볼에 입 맞추며 자신의 알베르게는 언제든지 와서 쉴 수 있다며 나를 초대했다.

얀은 가만히 서서 나를 바라본다. 나도 얀을 마주 보며 웃었지만, 나도 모르게 어느새 눈물이 흐른다. "얀! 우리 한번 안아보자." 얀은 그 큰 키를 구부려 나를 다정하게 안았다. "너와 함께 걸어서 행복했어. 꼭 다시 보자." 얀은 그렇게 말하며 언제나처럼 그 큰 손으로 내 머리를 흩트려놓았다. 차에 올라타고서 혼자 남을 나를 안타까운 듯이 계속 바라보는 얀의 눈에도 눈물이 글썽하다.

그들이 떠난 텅 빈 새벽길을 한참 바라보았다. 아미고, 아디오스!

산티아고 대성당이 세워지기까지

난 산티아고에서 이틀 더 쉬기로 결정했다. 계속되는 몸의 경고에 따르기로 한 것이다. 이틀을 쉰 뒤 피니스테레로 걷기 시작할 것이다. 느긋한 마음으로 햇살 가득한 오브라도이로Obradoiro 광장의 회랑 기둥에 기대앉아 로마네스크 양식의 화려한 대성당 정면을 바라본다.

산티아고 데 콤포스텔라 대성당. 콤포스텔라는 무덤이란 뜻이다. 산티아고가 야고보니까, 산티아고 데 콤포스텔라는 '야고보의 무덤'이라는 뜻. 바로 저 대성당에 야고보의 무덤이 있다.

서기 813년, 갈리시아에 은둔해 살던 수도사 펠라요Pelayo가 반짝이는 별빛의 인도를 받아 리브레돈 산의 숲에 있는 작은 동굴에서 발견했다는 야고보와 그의 두 제자의 무덤. 무덤의 뼛 조각들과 함께 발견된 양피지 사본을 검토한 뒤 이를 야고보의 무덤이라고 확신한 아스투리아 왕국은 즉시 로마교황청에 보고한다.

당시 이베리아 반도는 711년 이후 이슬람에 의해 거의 정복된 상태였다. 무슬림들은 이베리아 반도를 정복하러 오면서 마호메트의 유골 중 일부인 손을 가져왔다. 이 '예언자의 손'은 이슬람의 군소왕국들로 이루어진 정복자들을 하나로 단결시켰고 소원을 이루어주는 기적의 손이었다.

이베리아 반도 북부로 내몰린 가톨릭 소왕국들이 절치부심 국토회복의 기회만 노리고 있던 때에 발견된 사도 야고보의 유골은 대단히 고무적인 계기였다. 보고를 받은 로마교황청의 레오 3세에 의해 성지로 선포된 뒤, 아스투리아 왕 알폰소 2세는 돌과 진흙으로 그 무덤에 예배당을 짓고 야고보에게 봉헌했다. 그 후 852년, 로그롱유 근처에서 벌어진 클라비오 전쟁에서 나타난 흰 말의 전사 야고보가 무슬림 세력을 물리치는 기적이 일어나면서 성 야고보는 바야흐로 국토회복운동의 기수가 되었다.

그리하여 초라했던 교회는 알폰소 3세 때인 872년에 개축되었다. 산티아고는 빠른 속도로 종교적·상업적·정치적 중심지로 성장했다. 977년 북아프리카 출신의 무슬림인 알만수르가 이 지역을 침공해 산티아고 성당의 문짝과 보물, 그리고 종들을 약탈해 코르도바로 갖고 갔다. 알만수르는 산티아고 성당의 종들을 녹여 코르도바 모스크의 불을 밝히는 촛대로 썼다. 1236년 카스티야 왕국의 페르난도 3세가 코르도바를 탈환하면서 촛대로 변한 이 종들을 전쟁포로인 이슬람 교도들로 하여금 산티아고 데 콤포스텔라까지 등에 짊어지고 옮기게 했다.

광장을 압도하며 서 있는 지금의 로마네스크 양식의 화려한 대성당은 1078년에 착공해 1128년 무렵 완공한 뒤, 여러 시대에 걸쳐 증축과 개축이 이루어졌다. 지붕은 15세기, 회랑은 16세기, 종탑은 17세기, 그런 식이다.

산티아고 대성당 감상법

오브라도이로 광장의 중앙에서 산티아고 대성당을 바라보라. 대성당의 파사드 양쪽으로 쌍둥이 종탑이 있다. 그런데 종은 오른쪽에만 걸려 있다. 코르도바에서 탈환해와 새로 만들어 건 종이다. 정면 꼭대기에는 순례자 모습의 산티아고 형상이, 그 한 단 아래 좌우로 제자 테오도로와 아타나시오의 형상이 서 있다. 부속건물인 궁전과 수도원 등은 로마네스크와 고딕 양식이 혼합되어 대성당 주변을 둘러싸고 있다.

대성당을 바라보고 서면, 그 왼편이 오스탈 데 로스 레에스 카톨리코스 Hostel de los Reyes Catolicos라 불리는 호텔이다. 1486년, 페르난도와 이사벨 여왕이 이곳에 왔다. 너무나 낡은 순례자 숙소를 보고 비탄에 잠긴 여왕이었지만, 그라나다와 전쟁을 치르느라 재정이 넉넉지 않았다. 수도원에서도 새 건물을 짓겠다며 기금을 마련했고, 정복한 그라나다의 세금 3분의

1, 고액의 급료를 받는 행정관들과 부유한 순례자들의 기부금, 변호인들의 소송 수수료, 갈리시아 지역의 와인·밀·생선 따위를 판 세금 따위를 두루 긁어모아 10년도 넘게 재정을 마련했다. 1509년에 이르면 완공되지 않은 상태에서 이 숙소가 드디어 순례자들을 맞게 된다. 순례자 숙소와 더불어 병원으로도 쓰이던 이 건물은 훗날 고아원 기능까지 맡게 된다.

그런데 프랑코 총통의 정부에서 이 역사적인 건물을 관광객용 호텔로 바꾸어버린다. 하지만 과거 순례자들을 위한 건물이었던 이유로, 즉 이사벨과 페르난도의 뜻을 따라, 호텔이 된 뒤에도 걸어서 온 순례자들에게 사흘간 숙소와 음식을 무료로 제공하였다고 한다. 오늘날에도 순례자 증명서 복사본을 준비해가면 매일 아침 9시, 12시, 저녁 7시에 선착순으로 10명의 순례자에게 무료 식사를 제공한다.

호텔과 대성당 사이로 난 골목을 따라 힘에 겨운 순례자들이 지팡이에 의지해 오브라도이로 광장으로 들어선다. 높이 솟은 대성당의 첨탑을 보면 저절로 두 팔을 하늘 향해 뻗어 환호성을 내지르기 마련이다. 함께 길을 걸은 동료들과의 포옹이 이어진다. 축 늘어져 걷던 모습은 사라지고 광장에는 아연 활기가 넘친다. 이제 대성당으로 오르는 지그재그 계단으로 성당 입장! 대성당 안에서는 제단 뒤의 야고보상을 뒤에서 끌어안고 입을 맞추거나 무릎 꿇고 기도를 드린다. 그리고 아래로 내려가 야고보의 무덤을 본 뒤 '영광의 문'을 통해 성당을 빠져나온다.

다음 순서는 바로 근처의 산티아고 순례자협회 방문이다. 이제껏 걸어온 길에서 받은 스탬프가 가득 찍힌 순례자 증명서를 자랑스럽게 내놓고 완주증명서를 받아 들고 다시 한 번 환호성을 지르는 순례자들. 숙소를 찾아 짐을 풀고 씻고 나면 다들 다시 오브라도이로 광장으로 나온다. 지금 우리처럼 광장 이곳저곳에 앉거나 돌아다니며 친구들을 찾거나 다른 순례

오브라도이로 광장의 산티아고 대성당. 파사드 양쪽으로 쌍둥이 종탑이 있는데 오른쪽에만 종이
걸려 있다. 정면 꼭대기에는 순례자 모습의 산티아고 형상이, 그 한 단 아래 좌우에는
제자 테오도로와 아나타시오의 형상이 서 있다.

자들을 구경하며 감격을 만끽하고 아쉬움을 달랜다. 지금 내가 그러하듯, 또 거의 모든 순례자가 그러하듯 말이다.

'우노 코레안'

호텔 앞으로 피니스테레로 가는 노란색 화살표가 세워져 있고, 오른편에는 순례자협회로 가는 골목과 서쪽으로 난 계단이 있다. 계단 아래에 작은 호텔과 바가 있는데 마침 호텔에서 문을 열고 누군가 나오기에 들어가서 숙박비를 물으니 생각보다 저렴하다. 테라스에서 대성당 앞 광장이 시원하게 보이는 싱글룸이 20유로라니. 나는 기분 좋게 예약을 하고 돌아왔다.

편한 마음으로 짐을 꾸려 새로운 숙소로 옮겨놓은 후 관광안내소로 갔다. 책방을 둘러보고 맛난 샌드위치와 과일도 사서 작은 배낭에 챙겨들고, 그늘진 회랑에 앉아 막 도착하는 순례자들의 모습을 바라보았다. 비 때문에 자축 행사를 나누지 못한 나의 정든 친구들도 혹시 보이지 않을까 열심히 두리번거렸다. 많은 이가 나처럼 부지런한 눈길로 오랫동안 함께 걸었던 친구들을 찾는다. 그러다 반가운 얼굴을 보면 뛰어가 얼싸안고 서로 축하를 한다. 그 순간만큼은 모두가 순수하게 진심어린 마음이다. 국적이나 나이, 성별을 떠나 만나서 반가운 우정이 있을 뿐이다. 길 위에서 서로 힘들어서 투덜거렸던 불편한 감정도 그저 해냈다는 기쁨으로 말끔히 잊을 수 있다. 패트리샤가 나에게는 그런 사람 중에 하나다. 밉상스러울 정도로 시끄럽고 저밖에 모르는 패트리샤가 그 순간만큼은 어찌나 대견하고 예쁘게 보이던지.

12시에 있는 순례자를 위한 미사, 즉 '페레그리노 미사' 시간이 다가오자 성당 앞으로 많은 친구가 모이기 시작했다. 한나와 카트리나 일행도, 오스트리아 아저씨도, 벨기에 청년과 헝가리 아가씨들도, 얀 교수 부부도 만났다. 독일 아저씨, 프랑스 커플과 다른 일행들도, 이탈리아 일행들도 다 같이 모였다. 모두 어제 순례자협회에서 완주 증명서를 받았다. 오늘 미사는 순례의 길을 마치고 돌아온 우리를 위한 미사가 될 것이다.

성당 안으로 들어서 자리를 잡았다. 뢰네가 제일 앞자리에 앉고 그 뒷줄에 나와 카트리나 일행이 앉았다. 오늘 역시 미사는 잘 알아들을 수 없지만, 순례자에 대한 보고를 낭독할 때는 그래도 대충 알아들을 만하다. 이를테면, 팜플로나에서부터 산티아고까지 걸은 이탈리아 페레그리노 몇 명, 이런 식으로 말이다. 내내 귀를 쫑긋 세우고 있는데, 드디어 "우노 코레안! 유일한 한국인"이란 말이 들려온다. '흠! 그게 바로 나랍니다.' 뢰네가 뒤돌아 보며 엄지손가락을 치켜들고 바로 너라고 가리킨다. 동시에 나의 친구들이 모두 내게 축하의 시선을 던진다. 나도 그들에게 유쾌한 미소를 지으며 엄지손가락을 치켜들어 보였다. 완주한 순례자들을 위한 미사의 '우노 코레안', 이런 순간에 한껏 우쭐거린들 누가 나를 탓하랴. 나는 해냈다!

순례의 끝을 앓다

이제 각자의 길로 간다. 비행기로, 기차로, 승용차로 다들 각자의 고향으로 떠난다. 일부는 버스를 타고 피니스테레를 둘러보고, 일부는 다시 걸어서 피니스테레로 간다. 뢰네는 스웨덴의 스톡홀름으로 가고, 피아와 세 자매도 이탈리아로 떠난다. 카트리나 일행은 버스로 프랑스로 간다. 마르야처럼 가족이 본국에서 차를 갖고 와 함께 돌아가는 이들도 있다.

피니스테레까지는 약 90km를 숙소 형편에 따라 세 구간으로 나눠 걷는다. 얀은 누적된 피로로 생긴 내 발의 통증을 걱정했다. 헤니처럼 발등에 금이 가지나 않을까 염려해주면서도, 내 인내심과 정신력이라면 꼭 해낼 것이라는 격려의 말도 잊지 않았다. 난 발을 아끼려고 도시 투어를 하지 않았다. 무조건 쉬어주어야 통증이 가라앉을 테니. 그래서 대성당 광장에 앉아 오가는 이들을 살펴보며 친구를 만나는 즐거움으로 만족하기로 했다. 내 첫 번째 순례자 친구인 듀카와 지엔이 보고 싶지만 아직도 눈에 띄질 않는다. 아마도 오늘이나 내일쯤은 도착할 테지.

저녁 바람이 차다. 낮은 후텁지근해도 어둑발이 두터워지면 금세 쌀쌀해진다. 이곳 우체국에 보내둔 소포를 찾아 따뜻한 옷 한 벌 꺼내도 되지만, 그 짐을 덧보태 90km를 걸어갔다 오기가 까마득해 피니스테레에서 돌아온 뒤 찾기로 했다. 그래도 스페인 민속 노래를 연주하는 밴드 덕분에 다들 흥겨운 밤이다. 나도 함께 흥타령 한 자락 거들고 싶었지만 이제 모두 각자의 길로 떠나버린 친구들과 함께 춤출 수 없음이 아쉬워 선뜻 그 분위기를 즐길 수가 없다. 열정으로 가득하여 잠들지 않는다는 스페인의 토요일의 밤. 이제껏 걸어온 길, 수많았던 구비와 고비, 아름다운 만남과 헤어짐…. 나는 쓸쓸히 순례의 끝을 잃고 있다.

열정으로 가득하여 잠들지 않는다는 스페인의 토요일 밤.
스페인 민속 노래를 연주하는 밴드 덕분에 흥겹다.

산티아고 데 콤포스텔라
Santiago de Compostela

인연이면 다시 만나리

좀 늦게까지 누워 있으려 해도 습관 탓인지 이른 새벽에 저절로 눈이 뜨인다. 지금이라도 당장 졸린 눈을 비비며 가방을 챙겨 나서야 할 것 같은데 이렇게 침대에 멍하니 앉아 있는 것이 오히려 꿈같다. 좁은 방 안에 있는 것이 답답하고 허전하다. 호텔 테라스에서 밖을 내다본다. 푸른빛이 도는 새벽 광장에 피니스테레로 향하는 한 순례자가 지나간다. 그 순례자를 보고 있으니 아직 더 쉬어야 할 나의 몸 상태와는 달리 마음은 새벽길을 따라 걷고 싶은 충동으로 요동친다. 하지만 오늘도 쉬어야 한다.

더 이상 잠이 올 것 같지 않아 호텔을 나와 잠시 새벽길을 걸었다. 아름다운 새벽길을 걷는 즐거움에 발의 고통을 잠시 잊는다. 성당 주변의 골목길을 따라 가볍게 거니는데, 어디에선가 나를 기다리던 얀이 불쑥 튀어나올 것 같다. 그러나 산티아고 어디에도 이제 얀은 없다.

오늘도 역시 화창한 날씨다. 테라스에 앉아 늦은 아침을 먹고 있는데, 대형버스에서 내린 단체관광객이 광장을 가득 메운다. 안내자를 따라 떼를 지어 움직이는 그들 사이로 순례자들이 막 길모퉁이를 돌아 들어와 섞인다. 힘겹고 지친 걸음걸이로 지팡이 소리를 내며 들어서는 그들의 얼굴은 이루었다는 성취감으로 환히 빛난다.

그때다. 광장의 수많은 사람 사이로 듀카가 어슬렁거리며 걸어오는 모습이 보였다. 시력이 나쁜 나이지만 한눈에 알아볼 수 있다. 두리번거리는 듀카. 그도 친구를 찾고 있다. 먹던 것을 테이블에 그대로 둔 채 후다닥 광장으로 뛰어나갔다. 그러나 듀카는 이미 사라지고 없다. 그가 갔을 법한 골목으로 급히 가봤지만 어디에도 그의 모습은 보이지 않는다. 이럴 수가… 다시 만날 수 있을까….

오후 내내 광장 주변과 호텔 테라스에서 소일하며 보고 싶은 얼굴들을 거의 다 보았는데, 유독 듀카만 안 보인다. 조바심이 났다. 저녁 무렵 아쉬운 마음으로 혹시 그를 볼 수 있을까 하고 성당 근처를 둘러보려 일어났다.

팬플루트를 연주하는 성당 측면 계단을 지나는데, 듀카가 다른 친구들과 함께 골목에서 나오더니 계단 아래 털썩 주저앉는 게 보였다. '역시 우리는 인연'이라는 생각과 함께 신나는 마음에 갑자기 장난기가 발동했다. 살금살금 내려가 듀카의 등 뒤에 앉았다. 그런 나를 알아본 다른 친구들에게는 모른 체하라는 사인을 보낸 뒤에, 듀카가 나를 볼 때마다 반겨주던 그 휘파람을 불었다. 화들짝 어깨를 들썩하며 깜짝 놀란 듀카가 그제야 뒤를 돌아본다. 빨갛게 탄 얼굴, 두꺼운 렌즈 속의 그 착한 눈망울이 나를 향해 환하게 웃는다.

"킴! 보고 싶었어! 왜 혼자야? 아, 그래, 안은 갔겠구나. 내일부터 출근이라고 했지. 아, 고마워, 킴. 나를 찾아내서 말이야."

듀카는 반가운 마음을 표현하느라 정신이 없다.

"아까 호텔 테라스에서 광장을 걸어가는 널 봤어. 그래서 뛰어나가 보니 없더라. 굉장히 서운했지."

"나도 널 찾으려고 광장을 세 번이나 돌았어. 뢰네가 킴이 광장에 있다고 해서 갔지만 없더라구."

"난 내일 피니스테레로 가는데, 듀카는?"

"난 하루 더 쉬어야 해. 무릎이 여전히 신통치 않아."

"나도 이곳에서 이틀 동안 아무것도 안 하고 쉬었어. 조금 쉬니까 발의 통증이 사라지더라고."

이렇게 우린 그동안 함께하지 못했던 시간에 일어난 일들을 나누느라 서로에게서 눈을 떼지 못한다. 듀카는 딸과 함께 산다. 딸은 매일 전화해서 아빠를 챙긴다.

"킴! 네가 준 선물은 이미 우편으로 보냈어. 그리고 네가 남겨준 쪽지도 이렇게 잘 간직하고 있어. 내 딸이 너를 만나면 꼭 우리 집에 초대하라고 했어. 얀의 집에 갈 때 우리 집에도 꼭 왔으면 좋겠어."

"꼭 갈게. 착한 딸한테도 안부 전해줘."

이제 다시 각자의 길로 갈 시간이다. 아마도 길에서 그를 만나는 일은 더 이상 없을 것 같다. 듀카도 피니스테레로 가지만 마주치기는 힘들겠지. 언제 또 만날 수 있을지는 아무도 모른다. 정 많고 착한 듀카의 두 눈에 눈물이 맺혀 글썽글썽하다. 나 역시 그 모습에 마음이 찡하고 울린다. 이미 같이 길을 걸었던 소중한 친구들을 많이 떠나보냈지만, 헤어짐의 아쉬움은 좀처럼 익숙해지지 않는다. 나는 어떻게든 스스로 그 감정을 달래려 또 되뇐다. '인연이 있으면 다시 만나리라.'

나의 동시 통역사

해가 진 후 호텔 테라스에 앉아 광장을 바라보는데 특별한 행사를 준비하는 것 같았다. 전통 예복을 입은 사람들이 눈에 띄어서 좋은 구경거리를 놓칠까 싶어 부지런히 나갔다. 어떤 내용인지 주위 사람들에게 물어도 내게 영어로 대답해주는 이는 없다. 추위에 떨면서 무작정 기다리는데 나만큼 덜덜 떠는 사람이 내 옆으로 다가왔다. 키가 훤칠하게 큰 할아버지다.

"무지하게 춥죠? 난 긴 팔을 입고도 추운데 반팔을 입고 있으니 더 춥겠어요."

그가 먼저 말을 건넸다. 그는 대성당 옆에 있는 오스탈 데 로스 레에스 카톨리코스에 머물고 있다고 했다.

"비싼 호텔에 머무시네요. 관광객이신가요?"

"아니, 나도 순례자요. 포르투갈에서부터 자전거를 타고 여기까지 왔는데 아마도 발에 금이 간 것 같아요. 더 이상 자전거를 못 타고 쉬고 있는 중이지요."

그는 63세의 브라질 내과 의사다. 휴가를 이용해 이곳에 홀로 왔는데 부인이 없어서 편하다고 한다. 여자들은 쇼핑을 좋아하고 언제나 돌봐주기만을 바라기 때문에 너무 피곤하다며, 처음으로 휴가를 혼자 즐기게 되었는데 더없이 만족스럽다고 한다. 나야 그저 피식 웃음을 지어 보였다.

가톨릭 신자인 그는 나에게 지금 준비하고 있는 행사가 1년에 한 번씩 있는 성체 거동 행사라고 알려주었다. 예수의 피와 몸을 상징하는 성체를 메고 거리를 행진하는 것인데, 주변의 높은 건물에서 생화 꽃잎을 날리고 지나는 길에 꽃으로 만든 카페트를 깔아놓고 성체 거동 행렬이 지나도록 하는 의식이다. 광장 앞에서 행하는 성체 행렬의 마지막 의식을 내가 이해할 수 있도록 동시통역도 해주었는데, 알고 보니 그는 무려 4개 국어를 구사한다. 이곳에서 만난 유럽인은 보통 두세 나라의 언어를 한다. 뢰네는 다국적으로 살았으므로 많은 언어를 한다고 하지만, 그저 브라질의 어느 작은 도시의 의사일 뿐이라는 그가 그토록 다양한 언어를 익혔다는 것이 놀랍다. 두 시간 정도 그와 함께 행사를 구경하며 이런저런 대화를 나눴다. 그를 만난 덕분에 나는 운 좋게 행사를 흥미롭게 관람할 수 있었다. 우리는 메일 주소를 교환한 뒤 서로가 남은 순례길을 무사히 마치길 기원하며 헤어졌다.

잠깐의 월드컵

호스텔 옆의 바는 그야말로 인산인해다. 모두들 TV를 향해 앉아 있다. 그런데 그 화면에 한국 선수들이 붉은 유니폼을 입고 달려가는 게 클로즈업되어 보였다. 바의 종업원이 "한국 사람이냐"고 해, 그렇다고 하니 지금 프랑스와 한국의 월드컵 예선전이 진행 중이라고 한다. 물론 그는 스페인 말로 얘기했지만 그 정도를 알아듣기에 큰 어려움은 없다.

그 바에 앉아 있는 사람들은 거의 모두 프랑스 사람인데, 그들은 내가 한국인이라고 하자 의자 하나를 내주며 같이 보자고 한다. 프랑스에서 온 자전거 순례자들이다. 그 남자들 틈바구니에서 '우노 코레안', 단 한 명의 한국 여자가 앉아서 축구를 보게 된 것이다. 축구를 좋아하는 편은 아니지만, 그 열기를 충분히 느낄 수는 있다. 여기가 성지 산티아고라고 해서, 순례자들이라고 해서, 축구 열기도 그만그만한 것은 아니었다. 마치 무슨 전쟁에 나온 전사처럼 열광하며 축구를 본다. 마침 프랑스의 골 하나가 터지자 프랑스 사람들은 일제히 고함을 지르며, 앞으로 몇 골 더 원한다는 뜻인지 손가락 세 개를 들어 보인다.

영어를 할 줄 아는 사람이 없어서 서로 말도 통하지 않고, 무엇보다 그런 전쟁 같은 열기가 부담스러워서 나는 도중에 나와 버렸다. 설령 한국 팀이 1:0으로 앞서나갔다 해도 나는 그처럼 폭발하는 열광의 도가니가 싫었을 것이다. 쌀쌀한 저녁 날씨에 몸을 잔뜩 웅송그리며 재바르게 걸어 들어온 호스텔. '그래, 나는 아직 순례자인 게야. 내일부터 또 피니스테레로 걸어야 하는….'

산티아고 데 콤포스텔라 → 네그레이라 (12km)

Santiago de Compostela → Negreira

말없이 가리키는 손길

숙소를 나와 광장을 가로질러 다시 새벽길에 나선다. 아직 어두운 산티아고 시내. 내게 피니스테레에 관한 자료는 없다. 산티아고 도시 지도에 그려진 피니스테레 가는 방향을 눈여겨보면서 걸어야 할 뿐이다. 생장에서 받은 거리와 산의 고도를 알리는 지도는 산티아고까지 오는 동안 종이가 헤지도록 요긴하게 사용했다. 이제는 노란색 화살표와 순례길을 알리는 표지석에만 의지해 가야 한다. 걷다가 힘들면 또 자연스레 만나게 될 친구들과 함께하면 될 것이고, 오랫동안 함께했던 친구들도 더러는 만나겠지. 오랜 세월 수많은 이들이 앞서 걸어간 길은 내게 두려움에 앞서 큰 믿음부터 준다. 오히려 또다시 새로운 길을 걸으면서 일어날 일들에 대한 설렘만이 있을 뿐이다. 덕분에 나는 이렇게 새벽길을 혼자 씩씩하고 신나게 걷고 있다.

도시 지도에 있는 거리의 이름을 미리 봐두었기 때문에 산티아고를 빠져나가기는 별로 어렵지 않다. 한참을 걷는데 갈림길이 나온다. 이렇다 할 표시도 없다. 두리번거리며 화살표를 찾는데 나와 같은 쪽으로 가는 순례자 한 명이 온다. 그도 헷갈리는지 지도를 들고 주변을 두리번댄다.

그때 스르륵 창문이 열리더니 할아버지 한 분께서 묵묵히 한 방향을 가리켰다. 새벽 창을 열고 말없이 가리키는 손길…. 그 듬직하고 따뜻한 손길을 믿고 감사의 인사를 건넸다. 돌아보니 다른 순례자는 할아버지를 못 믿겠다는 듯 선 채로 계속 지도만 뚫어져라 쳐다보고 있다. 할아버지께서 손짓한 방향으로 가니 작은 공원이 나오고 그곳에 낯익은 순례길 이정표가 있다. 드디어 산티아고 도심을 벗어난 것이다! 산티아고에서 피니스테레로 가는 길 위에서는 다른 순례자를 만나기도 어렵고, 노란색 화살표도 눈에 잘 띄지 않으니까 바짝 신경을 쓰고 걸어야 한다.

산티아고를 벗어난 지 얼마쯤 되었을까. 언덕 위에 서서 저 아래 산티아고 대성당 뒤로 밝아오는 해를 바라본다. 경건한 풍경이다. 내가 신자라면 이 한 폭의 성화 앞에서 신을 찬미했을 테지만, 내 가슴은 카미노의 여인답게 새로운 길, 새로운 친구들에 대한 기대로 두근댈 따름이다.

길을 잃다

피니스테레 가는 길엔 노란색 화살표가 진짜 드물다. 화살표만 믿고 의지해야 하는 나로서는 불안하기 짝이 없다. 새롭게 돋아난 풀들은 순례자의 발자국도 덮어버렸다. 가끔은 형사 콜롬보처럼 집요하게 발자국과 지팡이 자국을 찾아내고서야 안심하고 길을 걷기도 하는데…. 그러다가 작은 마을에 이르렀을 때 드디어 길을 잃고 말았다. 친구들에게 늘 자랑하던 내 본능 속의 내비게이션이 길을 잘못 들어섰음을 경고했다. 나는 당황해서 길을 물어보려 주위를 둘러봤지만 사람이 보이지 않는다. 한참을 헤매고 걷는데, 저 멀리 포도밭에서 일하는 사람이 보인다. 짧게 소리쳐 물었다. "피니스테레? 피니스테레?" 이런~! 단도직입적으로 물었는데 돌아오는 답은 무지 장황하다. 전혀 알아들을 수 없는 스페인어지만 그의 강한 고갯짓으로 봐서 내가 잘못된 길로 들어섰음이 확실해졌다.

혼자 길을 잃었을 때의 당황스러움을 경험한 나는 또 헤맬 것이 걱정되어 재삼재사 확인하려고 지팡이로 헤매고 다닌 지역의 약도를 땅바닥에 대충 그려보았다. 그가 우당탕 쏟아내는 스페인 말을 이해할 수는 없지만 그는 내가 그린 마을 지도를 짚어가며 꼼꼼히 설명해주었다. 친절한 그의 설명 덕분에 정확한 방향을 알 수 있었다. 안도의 한숨과 함께 큰 소리로 인사말을 남기고 다시 길을 떠난다. "무쵸 그라시아스!"

화장실을 찾아서

폰테 마세이라 마을에 접어든다. 시원하게 흐르는 강 위로 놓인 멋진 다리가 인상 깊은 마을이다. 물결이 빚어내는 무늬 위에 사금파리 같은 은결이 함초롬하다. "넓은 벌 동쪽 끝으로, 옛이야기 지줄대는 실개천이 휘돌아 나가고…" 정지용의 시에 곡을 붙인 노래가 절로 나오는 풍경이다. 이 국적을 초월한 대자연의 아름다움 앞에서 나는 그저 조물주를 예찬할 수밖에 없다.

그렇게 고요히 침잠해야 할 타이밍인데, 이런, 내 몸이 갑자기 이상해진다. 아랫배가 살살 아파오더니 급기야 요동을 치기 시작한다. 화장실을 다녀와야만 해결될 것 같은데 아무리 둘러보아도 마땅한 장소가 없다. 바는커녕 눈을 질끈 감고 급히 뛰어들 수풀조차도 보이질 않는다. 다리를 건너 물방앗간도 가보았지만, 캄캄한데다가 세차게 흐르는 물소리가 너무 무서워 더 오금이 저렸다. 점점 배가 아파오기 시작하는데, 두 순례자가 다리 위로 올라온다. 그들은 한가로이 이쪽저쪽을 바라보며 기념사진을 찍고, 내 이마엔 식은땀이 다 날 지경이다. 하는 수 없이 화장실에 다녀와서 느긋이 멋진 다리를 감상하려던 기대를 접고 벗어둔 배낭을 다시 둘러메고 부

지런히 걷기 시작했다.

'마을을 벗어나면 숲이 있겠지. 거기서 맘 편히 해결하도록 하자.' 그런데 아까 그들이 이내 내 뒤를 따라와 함께 걷는 것이다. 엎친 데 덮친 격으로 그들은 내게 말을 걸기 시작한다. 나는 괴로웠지만 같은 방향으로 가는 중이라 어쩔 수 없이 함께 걸어야 했다. 그들은 프랑스인 부자지간이었다. 영국에서 대학을 나와 뉴욕에서 일하는 아들은 영어가 유창하다. 62세의 아버지는 나이보다 훨씬 늙어 보이지만 표정은 부드럽다. 나에게 묻고 싶은 것이 많은지 아들이 일일이 통역해준다. 어디서 왔는지, 가톨릭 신자인지, 길에서는 즐거웠는지 등등이다.

아들이 말하길 아버지는 신앙심이 깊은 가톨릭 신자이고 그들은 비행기로 산티아고로 왔단다. 산티아고에서 피니스테레까지 걸은 뒤 다시 버스를 타고 산티아고로 돌아와 차를 렌트해서 포르투갈 파티마 성지를 여행하고 프랑스로 돌아갈 것이라고 한다. 그는 올해 휴가를 아버지가 원했던 여행을 위해 쓰기로 결심한 효자다. 아들은 아버지를 풍경 속에 담으려고 열심히 사진을 찍고, 아버지는 연출자의 의도에 충실히 따른다. 보기 드물게 다정한 부자다.

아버지는 길을 가며 계속 나를 챙겨준다. 질척한 길을 걸어갈 때는 자신이 밟은 길을 따라오라며 손짓하고, 나뭇가지가 머리 위로 늘어진 곳을 지날 땐 나뭇가지를 들고 기다린다. 다 좋다. 다 좋은데, 난 무엇보다 화장실이 급하다! 한참을 걸어 목적지인 네그레이라에 다다를 때쯤 자동차 정비소가 나타났고, 그 정비소의 화장실 표시는 내게 구원의 십자가와도 같았다. 깨끗하게 청소된 그곳에는 휴지, 비누, 타월이 잘 갖추어져 있었다. 어휴, 참는 자에게 복이 있다고 했던가. '내게 이런 큰 복을 주셔서 감사합니다. 참으로 감사합니다~!'

길의 감식가, 요르겐

네그레이라의 알베르게에 도착했다. 네그레이라 알베르게. 침대 수 20. 여분의 매트리스가 있어 40명쯤은 잘 수 있다. 사설 알베르게도 있다. 그런데 이미 침대는 동났고, 여유 있는 공간도 없을 정도다. 사설 알베르게를 찾아보려면 한참을 되돌아가야 한다. 알베르게를 찾아보려고 다시 나와서 나처럼 알베르게로 올라오는 순례자들에게 상황을 설명하고 인근의 사설 알베르게를 함께 찾아보았다. 그러나 사설 숙소를 찾기가 힘들었다. 할 수 없이 알베르게 처마 밑에서 노숙을 하리라고 마음먹고 다시 알베르게로 돌아왔다.

알베르게로 돌아가는 길에 독일인 요르겐을 만났다. 그는 아랫마을에서 먹을 것을 사서 지팡이 끝에 매달고 맛있게 복숭아를 먹으며 언덕길을 올라오는 중이었다. 그 모습이 인상적이라 말을 걸었더니 짐 꾸러미에서 복숭아를 꺼내 내게 건넨다. 우리는 맛있게 복숭아를 먹으며 함께 알베르게로 갔다. 다시 돌아온 나를 본 자원봉사자는 작은 창고 방을 열더니 쌓아둔 매트리스를 꺼내주며 알아서 자라고 한다. 노숙까지 각오했는데 이 정도면 감지덕지다.

매트리스를 그나마 공간이 남은 로비 구석에 깔았다. 요르겐은 자신이 갖고 온 침낭을 깔고 누웠다. 사설 알베르게를 찾던 다른 일행들도 결국 이곳으로 왔다. 그들과 이 작은 로비에서 모두 함께 자게 되었다.

함께 편하게 자리를 깔고 지나온 길에 대해 얘기를 나누다 보니 요르겐은 나와는 달리 '노던웨이Northern Way'로 여기까지 걸어왔다고 한다. '프랑스 길'은 사람들이 많기 때문에 피하고, 생장보다 북쪽에 위치한 핸다이란 곳에서 출발하여 이베리아 반도의 해안선을 따라 걸어온 것이다. 난 스페인 지도를 펼쳐놓고 메모를 하며 그의 말에 귀를 기울였다. 피니스테레를 마치면 노던웨이를 따라서 다시 동으로 가려는 생각을 했기 때문이다. 사실 노던웨이는 내 예정에 없었다. 원래는 쉬엄쉬엄 순례길을 가면서 길 이외에도 많은 곳을 둘러보고 가려고 프랑스 길을 걷는 여정을 아주 느긋하게 잡았는데, 일행과 함께 걷느라 일정이 생각보다 빠르게 진행되어서 시간적 여유가 생겼다. 그래서 이참에 노던웨이를 가보자고 맘먹은 것이다.

요르겐은 자신이 걸어온 노던웨이에 대해 차근히 일러주었다. 그의 표현으로는 마치 태고의 원시 속을 걷는 기분이었다고 한다. 임시 알베르게로 쓰이는 넓은 학교 체육관에서 혼자 잠을 자보기도 했고, 하루에 장장 60km를 걸은 적도 있다고. 또 나보다 더 심각한 상황에 길을 잃어 고생한 적도 있었다고 한다. 어느 날인가는 작은 도시에서 잘 곳을 못 찾아 헤매는데 할아버지 한 분이 자신의 집으로 그를 데리고 가 재워준 일도 있었다고 한다.

요르겐의 숱 많고 긴 눈썹은 얘기할 때면 마치 새의 날개를 펼친 것처럼 V자로 이어진다. 마치 부엉이를 닮은 모습이다. 요르겐은 내일 물시아로 간단다. 이곳에서 물시아까지의 거리는 62km다. 그곳에서 하루를 묵고 피니스테레로 갈 것이라고. 오늘은 비교적 아주 짧은 거리를 걸었다고 말하는 그는 나와는 달리 전혀 지친 기색이 없다. 오히려 5주의 휴가를 여유롭게 즐겼다며, 자신감 넘치는 모습이다. 독일 병정? 게르만 전사? 그는 진정한 길의 감식가다!

Day 40

네그레이라 → 올베이로아(34km)

Negreira → Olveiroa

결코 낯설지 않은 만남

새벽부터 길을 떠나려 준비하는 이들은 로비에서 잠든 이들을 방해했다. (아니면 그 반대였던가?) 요르겐은 노던웨이를 걸으면서는 이렇게 타인을 배려하지 않는 경우는 겪어보지 못했다며 투덜거렸다. 프랑스 길은 항상 새벽에 출발하는 이들이 많다. 새벽 로비의 북새통 속에서 더 머무르기보다는 일찍 출발하는 게 나을 듯해 나도 서둘러 알베르게를 나왔다. 요르겐도 나와 같은 심정이었는지 같이 길을 따라 나섰다. 그는 워낙 보폭이 넓어서 잠시 함께 걸었을 뿐 금세 헤어졌다.

어두운 길을 빠져나와 서쪽으로 향하는 언덕을 올라왔다. 그곳에서 앞서간 순례자들이 이정표를 찾고 있다. 세 갈래 길인데 노란색 화살표가 눈에 띄지 않는다. 요르겐이 위에서 도로 내려온다. 그가 올라간 곳에도 화살표 표시가 없었기 때문에 다시 내려온 것이다. 그리고 그는 다른 길을 따라 다시 걸어갔다. 우린 표시를 발견하면 소리를 질러 알려주기로 했고, 나는 반대편으로 향하다가 먼저 화살표를 발견했다. 요르겐을 불렀지만 그는 대답이 없다. 헤어졌던 길로 되돌아와서 다시 요르겐을 불렀지만 역시 대답이 없다. 지팡이로 바닥에 눈에 잘 띄도록 크게 화살표를 그려놓았다. 이곳에서 헤매는 사람이 없기를 바라는 마음으로.

대부분의 시간을 혼자 걷는다. 그런데 오늘도 용케 프랑스 부자를 만났다. 안 그래도 반가운 마음인데 아버지는 어김없이 어제처럼 나를 챙겨준다. 아버지는 길에서 일어나는 소소한 일들을 관찰하며 걷는데 그 모습이 참 보기 좋다. 고슴도치나 토끼가 숨어 있는 덤불숲을 한참 들여다보기도 하고, 마을에 세워져 있는 예수상이나 성모상 앞에서는 잠시 멈춰서 정성스러운 모습으로 기도를 드린다. 그런 아버지의 모습을 보니 작고 여린 것을 사랑할 줄 아는 모습에서 그의 친절한 마음이 우러나오는 것 같아 아름다워 보인다. 그의 아들도 역시 그 모습이 좋은 듯 한 발자국 물러서서 익숙하게 지켜본다. 사이 좋은 부자의 모습을 보고 있자니 나도 내 딸들 생각에 마음이 짠해진다.

할머니, 나 잔 모리스 알아요

좁은 숲길의 나무 그늘 아래, 어느 할머니 옆에 앉아 두런두런 얘기를 나눈다. 할머니는 영국의 웨일스에서 왔다고 한다. '웨일스'라는 말을 듣자마자 대뜸 반갑다. 웨일스라고 하면 나는 전에 읽고 깊은 감명을 받았던 『50년간의 유럽 여행』의 작가 잔 모리스를 떠올린다.

잔 모리스는 그 책에서 자신이 웨일스 태생임을 자랑스럽게 여기며, 유럽의 조그만 변방 동네 사람으로서 자신이 보고 듣고 느낀 유럽에 대해 이야기하고 있었다. 잔 모리스의 비범한 삶이 굉장히 인상적이었고 그녀 특유의 유머와 해박한 지식이 여행의 경험에 녹아 있는 글이 너무도 좋았다.

할머니는 어떻게 내가 잔 모리스를 아느냐며 놀라워했다. 『50년간의 유럽 여행』이 한국에도 번역되어 있음을 설명하고, 그가 쓴 뉴욕에 관한 글도 읽었다고 대답했다. 그러자 할머니는 잔 모리스가 요즘도 TV 대담 프로그램에 나오고 있으며, 자신도 잔 모리스의 열혈 독자로서 그녀의 글을 아주 좋아한다며 한껏 들뜬 어조로 말한다.

낯선 곳에서는 타인이 자신이 사는 곳의 이름만 알아도 굉장히 반가워 그만 크게 놀라고 마는 법이다. 웨일스 할머니는 그 지역의 유명인사의 글을 너무도 좋아한다고 말하는 이방인을 만났으니 얼마나 신기하고 행복할까. 난 고대와 중세의 역사에 관심이 많다. 그래서 역사 공부를 하며 읽은 책으로 인해 특히 유럽에서 온 이들과 대화를 할 때 그들이 사는 지명을 쉽게 이해하고, 유럽 역사에 대해 이야기할 정도가 되었다. 그렇게 만나 대화를 나누노라면 금세 친구가 된다.

이탈리아의 트리에스테에서 온 생기발랄한 아가씨와 대화할 때도 많은 사람이 로마나 밀라노, 베네치아는 잘 알지만, 자신이 사는 트리에스테를 나처럼 반갑게 알아주는 사람은 없었다며 무척이나 좋아했다. 우연히 발견한 한 권의 책을 통해 트리에스테를 알게 된 덕분이니, 발견의 묘미와 알아가는 일의 매력이 새삼스럽다. 틈나는 대로 공부해두면 이렇게 낯선 곳에서 낯선 사람들과 결코 낯설지 않은 만남의 흥분을 경험할 수 있다. 사소한 관심이 인간적인 유대로 거듭나는 것이다. 그리고 그 흥분과 유대는 이렇게 뇌리에 박혀 소소한 삶의 즐거움으로 기억되니, 참으로 멋지지 아니한가.

설거지는 내가 쏜다~!

오늘 걸어야 하는 길은 제법 길다. 얀이 걱정해주었던 바로 그 구간이다. 길을 걷다 문득 얀이 생각나는 것은 어쩔 수 없다. 늘 저만큼 앞에서 그가 기다릴 것만 같았다. 그래서인지 경사가 심한 오르막이나 내리막을 만나면 나도 모르게 안을 찾아 주위를 둘러보게 된다. 부질없게도….

길을 잃지 않기 위해 한껏 주의를 기울이며 길고 긴 길을 걸어 알베르게에 도착했다. 올베리오라 알베르게. 숙박비는 기부금. 침대 수 34. 저녁은 수프와 빵, 와인만 준비되는데, 오스피탈로스가 정성스럽다. 몸은 너무도 지쳐 있지만, 먼저 온 사람들이 커다란 환호성으로 나중에 들어오는 사람들을 환영하는 모습을 보니 마음은 아연 푸근해진다. 내가 도착한 시간은 3시인데 알베르게 문은 4시에 열기 때문에 모두 가방을 줄지어 놓고 앉아서 도란도란 얘기꽃을 피운다. 대개가 오는 도중 길을 잃고 헤맨 이야기들이다. 산티아고를 출발해 이곳에 오는 동안 모두 한 번쯤은 길을 잃고 헤맸다고. 막상 헤맬 때는 절박하지만, 지나고 나면 그 당황스런 경험들을 마치 재미있는 추억이라도 되는 양 이야기하며 즐거워하는 어린애들이 된다.

빨래터 한쪽에서 뉴질랜드 여인이 그녀의 연인을 위해 면도를 해주고 있다. 반바지 차림의 남자는 검게 그을린 가슴 위로 흰 수건을 늘어트린 채 햇빛 아래 앉아 두 눈을 감고 고개를 살짝 들어올리고, 여인은 하얀 거품을 그의 턱과 얼굴 가장자리에 칠하고는 햇빛을 등지고 능숙하게 면도를 시작한다. 해맑은 미소가 가득한 얼굴로 면도를 하다 말고 고개를 숙여 그의 이마에 가볍게 키스하는 그녀. 맑고 싱그러운 사랑의 한 장면이 찬란한 스페인의 햇살과 잘 어울린다. 바라보던 남자들은 모두 부러워하며 한마디씩 찬사를 던진다. 나도 그토록 아름다운 풍경을 함께 연출할 사람이 있으면 좋겠다고 부러워하며, 오래도록 사랑스런 그들에게서 시선을 떼지 못했다.

침대를 배정받고 노란 포스트잇을 꺼내 알베르게 벽 게시판에 듀카를 위한 메모를 남겼다. "듀카의 무릎이 속히 완쾌되길 바라며. −킴−" 밖으로 나오니 물시아로 간다던 요르겐이 들어온다. 나와 헤어진 후 세 시간을 산속에서 헤맸다고 한다. 저런저런~! 그 바람에 시간이 늦어져 내일 물시아로 가기로 했다는 것. 그는 내 침대 바로 위의 자리를 배정받았다.

그만 깜빡 잠이 들었나 보다. 약간 늦게 내려간 식당은 오렌지빛 조명 아래 화기애애하다. 오늘의 메뉴는 누들 수프와 마른 빵. 물론 과일과 와인도 빠질 리 없다. 이만하면 굉장히 푸짐하다! 수프 맛이 어찌나 빼어난지 다들 여러 번 더 갖다 먹을 정도다. 맛있는 수프에 감격했는지 한 순례자가 기부금을 더 내자면서 빈 통을 들고 다녔다. 모두 기쁘게 기부금을 내고, 식당 청소도 즐겁게 한다.

내가 먹은 접시를 닦다 보니 한두 사람이 들고 오는 그릇을 더 닦게 되었다. "에이, 오늘 설거지는 내가 쏜다!" 그렇게 나는 아예 제대로 팔을 걷어부치고 밀려드는 접시를 죄다 닦아버렸다. 그렇게 기분 좋은 설거지도 오랜만이었다. 맛있는 음식과 즐거운 대화, 밤새도록 알베르게 주변을 돌아다니며 울어대던 스페인 고양이, 달빛 아래 무르익던 프랑스 아가씨와 스페인 청년의 속삭임, 카미노의 아름다운 밤은 달콤하게 깊어간다.

올베이로아 → 피니스테레 (34km)

Olveiroa → Finisterre

피니스테레에서는 마지막 세리모니를

오늘 새벽에는 프랑스 부자, 요르겐과 함께 알베르게를 나선다. 프랑스 부자지간은 이내 앞서 가고, 요르겐은 물시아와 피니스테레로 나뉘는 갈림길에서 물시아 쪽으로 떠났다. 그렇게 아쉽게 헤어지고선, 앞뒤로 걷는 사람이 전혀 보이지 않는 길을 장장 네 시간 동안 홀로 걸었다. 산길인지라 바나 마을도 없다. 갑자기 확성기에서 퍼지는 노랫 소리가 들린다. '근처에 마을이 있구나!' 그런 생각에 발걸음이 빨라진다. 그러나 확성기 소리는 알고 보니 가스통을 싣고 마을을 돌아다니는 이동 가스배달차였다.

그렇게 실망하며 걷다가 바를 발견했다. 프랑스 부자와 예전에 함께 걸었던 프랑스 청년 빈센트가 거기 파라솔 아래 앉아 있다. 그들이 반갑게 맞아주니 걷던 피로가 사라지는 것 같다. 아버지는 아들이 치료해준 물집 자리에 밴드를 붙인 발을 내놓고 쉬고 있다. 그들은 내가 간식을 다 먹고 떠날 때까지 기다려주었다. 지나가는 말로 혼자 걷느라 좀 지루했다고 얘기했더니 아버지가 가방을 들고 일어서려는 아들을 붙잡아 기다려준 것이다. 어쨌든 다시 일행과 함께 걸으니 좋다. 길을 걸으면서는 서로 지치는 것이 걱정되어 많은 이야기를 나누지 못한다. 꼭 말을 주고받지 않더라도 걷다가 서로 씩 웃어주고 가끔 경치가 좋은 곳에 함께 앉아 쉬는 것만으로도 좋다. 하다못해 멀찌감치 떨어져 누군가 걸어간다는 인기척만으로도 의지가 된다.

드디어 대서양변 땅끝 마을 피니스테레에 도착했다! 이곳 알베르게에서도 산티아고에서 피니스테레까지 걸어온 순례자들에게 완주했다는 증명서를 발급해준다. 피니스테레 알베르게 이외에도 다양한 숙소가 많다. 산티아고 협회에서 주는 것보다 크다. 나는 피니스테레까지 완주했다는 또 하나의 증명서를 벅찬 기분으로 받아들였다. 서울을 출발하면서 목표한 뜻은 이제 다 이루었다. 마지막 남은 것이 있다면 완주한 자들만의 세리모니를 보는 것이다.

순례자들이 세리모니용 가방을 따로 챙겨 등대로 떠날 준비를 하느라 부산하다. 따로 가방을 챙기는 이유는 이 세리모니가 등대에서 순례자의 소지품을 태우는 의식이기 때문이다. 이제 예전의 자신을 버리고 새로운 나로 살아가겠다는 의미다. 대부분 이제까지 입고 왔던 옷과 신발을 가방에 넣는다. "넌 세리모니에서 무엇을 태울 거야?" 누군가 내게 물었다. "글쎄? 완주 세리모니를 둘러보는 게 나의 세리모니야." 나의 순례길은 아직 끝나지 않았기 때문이다.

달랑 카메라 가방만 챙겨들고 알베르게 사무실로 내려오니 순례자들이 모여 웬 강아지를 서로 안아보려 법석이다. 손바닥만 한 그 강아지는 피니스테레에서 순례자 증명서를 받은 유일한 동물이었다. 주인은 마드리드에서 온 스페인 남자였는데 자원봉사자에게 개와 함께 순례길을 걸었다고 이야기했더니 그 개의 이름으로 증명서를 내주었다고 한다. 증명서를 받은 강아지는 갑자기 오늘 피니스테레의 스타가 되었다. 그러고는 온갖 세계

피니스테레에서 순례자 증명서를 받은 유일한 강아지.

시민의 품에 안긴 채 각 나라에 소개될 수많은 사진의 주인공이 되었다.

알베르게에서 등대까지 가는 길은 생각보다 멀다. 지금껏 걸어온 길에 비하면 아무것도 아니지만, 그 길에서 나는 갑자기 포기하고 싶은 마음이 들었다. 종일 걸은 것보다 더 힘들게 느껴진다. 오늘 지치도록 걸었던 탓도 있겠지만 아무래도 도착했다는 성취감 때문에 긴장의 끈이 풀려서 그런 것이리라. 그런 마음이 들자 더 오기가 발동하여 택시도 있고 손을 흔들면 태워줄 승용차도 많이 지나가는데도 나는 끝까지 걸었다.

등대로 오르는 길에 내가 보고 싶었던 사람들과 마주쳤다. 방황하는 어린 아들을 데리고 온 스위스 부자. 아버지가 먼저 나를 알아보고 팔을 벌려 포옹하고선 장하다는 듯 엄지손가락을 치켜세워준다. 우린 언어가 통하지 않았지만 서로 다른 언어로 서로를 축하하며 기쁨을 나누었다. 아들도 나를 안아주었다. 이 두 부자의 모습은 처음보다 훨씬 밝고 편안해 보인다. 특히 아들의 얼굴이 환하게 빛나고 있어서 좋다. 헤어져서 다시 등대로 오르면서도 자꾸 뒤를 돌아보게 된다. 아들 녀석도 나와 같은 마음이었는지 자꾸 뒤를 돌아보다 나와 눈이 마주쳤다. '정이 많은 녀석이로군….' 내 입가에 미소가 흘렀다. 따뜻하고 깊은 마음을 가진 아이임에 틀림없다. 그렇게 여리고 깊은 내면이 그 아이를 더 방황하게 했는지도 모른다. 스위스로 돌아갈 아버지와 아들 사이에 전에 없던 사랑이 가득 넘치길 기도한다. 그 사랑의 힘으로 두 사람의 남은 생이 어엿하게 아름다워질 테니….

땅끝에서 올리는 특별한 결혼식

등대가 있는 작은 산 아래에서 많은 순례자가 바다 쪽으로 앉아 일몰을 기다린다. 큰 바위 틈에 세리모니를 할 수 있는 장소가 마련되어 있다. 화덕 옆에 순례자의 신발을 동판으로 만들어놓았다. 벌써 누군가가 자신의 옷가지를 태운 후라서 재가 남아 있었다.

가장 아래쪽엔 또 다른 행사 준비가 한창이다. 멕시코인 한 쌍의 결혼식
이다. 하객은 그동안 순례를 함께했던 친구들이다. 이 멕시코 커플은 산티
아고 가는 길에서 만났다. 멕시코에서는 그저 알고 지내는 사이였고, 각자
산티아고로 오게 되었다고 했다. 물론 서로 산티아고에 간다는 것은 모른
채. 이들은 산티아고 가는 길의 팜플로나에서 극적으로 만났고 그때부터
쭉 함께 길을 걸었다. 순례의 길을 걸으면서 사랑이 시작된 것이다. 그 특
별한 인연으로 시작된 그들의 사랑은 마침내 서쪽의 끝인 피니스테레 바
닷가 산기슭에서 결혼식을 올려 결실을 맺게 되었다. 순례길에 만난 멕시
코인 친구들과 같이 다닌 일행이 결혼식 증인과 하객으로 이 자리에 섰다.

신부의 결혼 예복은 여행 중 입었던 옷 위에 하와이언 면 스카프를 걸친
것뿐이었는데도 단아한 멋을 풍겼다. 머리도 들꽃으로 수수하게 장식을
했다. 신랑도 그냥 티셔츠에 청바지 차림이다. 해가 지는 아름다운 순간에
결혼을 인도하는 사람이 향로를 들고 일어서자 결혼식이 시작되었다. 그
의 인도에 따라 모두 일어서서 서쪽을 향해 손을 들고 허밍을 했다. 동서
남북을 돌아보며 허밍으로 결혼의 시작을 알리고 나자, 인도자가 조개에
술을 따르고 커플은 그것을 함께 마셨다. 유약을 따라서 두 사람의 손에
바르고, 깃털로 향을 날려서 흠향하고, 서로 반지를 끼워준다.

친구들 한 사람씩 돌아가며 작은 향로를 들고 깃털로 향을 날리며 신랑
신부에게 인사말을 전했다. 한 친구는 밀 가지를 묶은 다발을, 한 친구는
초콜릿을, 한 친구는 피니스테레 들판에서 수집한 들꽃 다발을 선물로 주
며 그들의 앞날을 축복했다. 길에서 만난 언어가 다른 친구들이 그들의 축
사를 서로 통역해준다. 신랑 신부는 그들의 축복에 감격해 눈물을 흘렸다.
모두의 인사가 끝난 뒤 그들은 다시 동서남북을 돌며 허밍을 한 뒤, 이제

산티아고 순례길에서 만나 특별한 결혼식을 올리는 멕시코 커플.
길에서 만난 친구들은 그들의 결혼을 축복하기 위해 모두 일어서서 서쪽을 향해 손을 들고 허밍을 했다.

는 해가 넘어가버린 서쪽을 향해 엎드렸다. 그리곤 일제히 일어나 크게 함성을 질렀다. 그들의 함성은 행복한 외침이었고, 특별한 길의 마침표이자 시작이다. 길의 끝에서 마치 한 편의 영화처럼 결혼식을 올린 이 커플의 시작을 나도 진심어린 마음으로 축하해주었다. 길 위에서 만나 길 위에서 결혼하는 이들은 그 길의 힘으로 남다른 행복을 누리리라.

소지품을 태우는 화덕으로 돌아오니 여럿이 모여 각자의 물건을 태우며 즐거워하고 있다. 그 무리 속에 나와 함께 길을 걸어온 빈센트도 보인다. 다들 순례길에서 입었던 옷을 가방에 넣어오는데 그에게는 가방이 없다. 자기 차례가 되자 빈센트는 입고 있던 옷을 하나씩 벗기 시작했다. 셔츠와 바지를 벗고 양말을 벗어 태운 빈센트는 마지막으로 팬티까지 벗어 불길 속으로 던진 후 손을 높이 들고는 한바탕 신나게 소리를 질렀다. 빈센트의 이런 모습은 마치 절벽에서 하늘을 날기 위해 준비하는 새처럼 자유로워 보였다. 그 모습을 지켜보던 이들은 빈센트가 훌훌 옷을 벗으며 세리모니를 하는 내내 환호성을 질렀다. 짧은 순간에 벌어진 그의 세리모니는 하나의 행위예술, 그 자체였다.

이미 해가 졌지만 이곳은 별로 어둡지 않다. 순례의 여정이 끝나지 못하게 하려는 듯 모두 자리를 떠나지 않고 모여앉아 와인을 마신다. 와인과 안주거리를 가지고 빈센트가 등장하자 모두들 아까만큼이나 큰 환호성과 박수로 그를 맞는다. 그의 짧은 퍼포먼스에 대한 감사로 우리는 빈센트를 위해 '건배!'를 외쳤다.

생장에서 피니스테레까지 걸으리란 나의 목표를 완전히 이루었다. 그런데 이렇게 들뜬 분위기 속에서 지난 여정을 추억하고 있으니 한편으로는 이 시간들을 붙잡고 싶은 생각이 간절하다. 이 또한 미련인가. 마음이 허전해진다.

순례자들은 유럽의 서쪽 땅끝 피니스테레에서 기나긴 순례길에 입었던 옷과
소지품을 태우는 세리모니를 하며 새 삶을 꿈꾼다.

피니스테레 → 산티아고 데 콤포스텔라

Finisterre → Santiago de Compostela

가리비 조개를 찾아서

피니스테레의 알베르게는 버스 정류장 바로 옆이다. 산티아고로 가는 새벽 첫차를 타기 위해 프랑스 부자는 알베르게를 일찍 떠났다. 그들을 배웅하고 새벽 바다를 산책했다. 어부들이 배를 타고 출항할 준비를 하고 있다. 이곳은 가리비 조개가 특산품인 지역이다. 그래서 가리비를 목에 거는 것은 이곳까지 오는 순례자들의 목표이자 상징이다. 어제 마을의 긴 골목길을 걸을 때 어느 집에서인가 아직 마르지도 않은 예쁜 조개 껍데기를 늘어놓은 것을 보았지만, 난 이전부터 피니스테레에서 조개 요리를 먹고 내가 먹은 그 조개 껍데기를 기념품으로 가져가야겠다고 맘먹었기에 그냥 지나쳤다. 그러나 막상 와보니 내가 원하는 모양의 조개 요리를 먹으려면 비싼데다 아직 식당이 문을 열지도 않은 상태라 곤란했다.

우선 가게에서 기념엽서를 사서 친구들에게 보낸 후 맘에 드는 조개 껍데기를 찾아보기로 했다. 어제 지났던 마을의 좁은 골목길로 다시 가보았다. 그렇지만 내가 원하는 조개 껍데기는 어디에서도 찾을 수가 없다. 포기하고 버스를 타려고 걸어가는데 자신의 집 앞에서 한가로이 앉아 있는 아저씨와 마주쳤다. 나는 아쉬움에 무작정 그 아저씨에게 말을 건넸다. 서로 의사소통이 되지 않았기 때문에 공책에 조개 그림을 그리며 예쁜 조개 껍데기를 찾는다고 설명하는데, 갑자기 집 안으로 들어간 아저씨가 큰 가리비 껍데기를 하나 들고 나온다. 하루나 이틀 전에 잡은 것인지 아직도 촉촉하고 빛도 선명하니 정말 곱다. 내가 찾는 형태는 아니었지만 이 조개도 내가 상상하던 만큼 아름답다. 마음씨 좋은 아저씨는 내게 선물이라며 그냥 가져가라고 손짓한다. 기념품 가게에서는 보통 2유로는 줘야 살 수 있는데 그보다 훨씬 아름다운 빛을 띠는 것을 거저 선물받게 되다니. 어여쁜 행운을 내게 건넨 아저씨 덕분에 앞으로 좋은 일만 계속 생길 것 같은 예감에 뿌듯하다.

만지작만지작, 버스에 올라 선물로 받은 조개 껍데기를 한참 매만지다가 문득 창밖을 보니 산티아고로 향하는 순례자들이 열심히 길을 걷고 있다. 반가움과 함께 안타까움이 밀려든다. '나도 저렇게 지친 모습으로 길을 걸었겠지.' 이제는 볼 수 없는 나의 카미노 친구들과 함께 길을 걸었던 추억이 와락 나를 덮치며 난데없이 눈물이 흐른다. 소매로 얼른 흐르는 눈물을 닦았다. '다시 순례의 길을 걷는다고 해도 함께했었던 그들을 또 만날 수는 없겠지.' 내가 걸었던 길은, 가만히 생각해보면 이미 어디론가 흘러가고 없다. 흐르는 물처럼….

산티아고 우체국에서 짐을 찾아 다시 대성당 광장으로 갔다. 광장은 여전히 흐르는 물처럼 순례자와 관광객들이 끊임없이 들어와 잠시 머물고, 다시 흘러 떠나고 있었다.

산티아고 데 콤포스텔라

대서양

리바데오

기혼

피니스테레

트리아카스텔라

레

아스토르가

무리에로

영국

아일랜드

독일

프랑스

대서양

스위스

이탈리아

스페인

포르투갈

포르투갈

지중해

알제리

■ 프랑스 길   ■ 아스투리아스, 칸타브리아, 바스크 이동경로

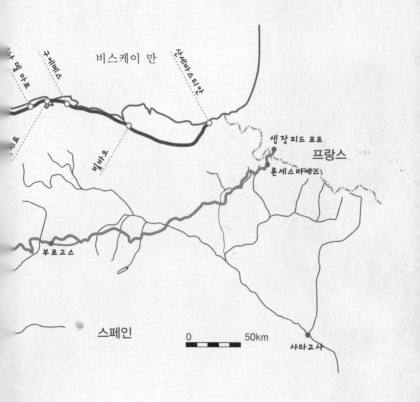

아스투리아스,
칸타브리아, 바스크

비스케이 만

구에베스

산세바스티안

생장피드포르
프랑스
론세스바예스

빌바오

부르고스

스페인

0   50km

사라고사

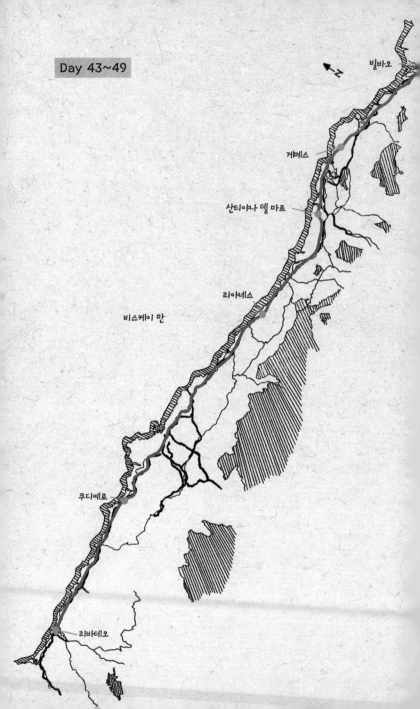

Day 43~49

빌바오

거메스

산티야나 델 마르

리아네스

비스케이 만

쿠디예로

리바데오

리바데오 → 쿠디예로

Ribadeo → Cudillero

해안을 따라 서에서 동으로

산티아고를 떠나는 아침이다. '노던웨이'를 더 걷기 위해서 우선 북쪽 해변도시인 리바데오로 가는 버스를 탄다. 산티아고 도심을 벗어나자 이정표 앞에서 기념사진을 찍는 순례자들의 모습이 보인다. 순례가 끝난 지 채 며칠이 지나지 않았지만 나는 순례자들만 보면 금세 길에 대한 열망에 사로잡힌다. 그러면서 강렬히 깨닫는다. 나에게는 어쩔 수 없는 여행자의 피가 뜨겁게 흐르고 있다는 것을.

버스가 유칼립투스 숲길에 들어서자 창문으로 들어오는 바람에 상쾌한 향이 묻어 있다. 지금 가는 길은 네그레이라의 알베르게에서 만났던 요르겐에게 얻은 정보가 계기가 되어 떠나는 길이다. 그가 일러준 대로 제일 먼저 리바데오로 갈 것이다. 리바데오는 산티아고에서 북동쪽으로 150km 넘게 떨어진 아주 작은 해변도시다. 이곳은 대서양 연안의 비스케이 만의 초입에 자리하고 있는데 스페인의 갈리시아 지방과 아스투리아 지방의 경계를 이루는 곳이기도 하다. 요르겐은 리바데오에서 머물지 않았다고 했지만, 난 새로운 길을 떠나기 위해 숨 고르기를 하고, 노던웨이에 대한 다른 정보도 얻을 요량으로 리바데오에서 하루 머물고 가기로 했다.

리바데오에 도착하니 비가 오락가락한다. 모자로 얼굴만 살짝 가리고는 내리는 비를 맞으며 물어물어 알베르게로 향한다. 리바데오 알베르게. 숙박비 없음. 침대 수 12. 무인 운영. 부엌, 샤워 사용 가능. 한 이틀 걷지 않고 충분히 쉰 덕분에 발걸음이 한결 가볍다. 해안 절벽에 위치한 알베르게는 마치 해변의 간이화장실처럼 허름해 보인다. 그러나 겉모습과는 달리 부엌과 샤워 시설도 좋을뿐더러 방도 깨끗하고 아담하다. 무인으로 운영되는 시설이라는 것이 놀라울 따름이다. 겨우 12명이 머물 수 있는 아주 작은 곳이지만 창문을 열면 바다가 보여 가슴이 탁 트이는 듯하다. 거실에는 순례자들이 남기고 간 가이드북이 차곡차곡 쌓여 있다. 나는 여기가 한눈에 마음에 들었다.

나보다 먼저 도착한 프랑스 커플은 일주일 동안 오락가락한 비 때문에 빨래를 하지 못했다며 곳곳에 옷을 세탁해 널어놓았다. 이들과 같이 저녁 장을 보러 가려는데 저 멀리 바다 위에 놓인 다리를 막 건너려는 순례자 두 사람이 보였다. 아마 이곳에 머물기 위해 다리를 건너려는 것이리라. 알베르게를 잠그고 장을 보러 가려던 우리는 이들이 닫힌 알베르게 때문에 곤란을 겪을까 걱정되었고, 결국 마음 약한 내가 남아서 기다리기로 했다. 멀리서 걷고 있는 그들을 위해 스카프를 흔들어 알베르게의 위치를 알렸더니 그들도 나를 발견하고는 손을 크게 흔든다.

20분 정도가 지나서야 들어선 두 사람은 중년의 독일 사람들이다. 그들은 내가 흔드는 스카프를 보고 너무 반가웠다고 한다. 그리고 곧 무인 알베르게에서 내가 기다려준 이유를 알고는 더더욱 고마워한다. 이럴 때 나이가 들었다는 것을 새삼 느낀다. 누군가를 배려하는 마음이 소소하게 배어나올 때, 그리고 그 배려로 인해 서로가 따뜻한 마음을 자연스럽게 나눌 때, 마음에 널찍한 공간이 생기는 것 같다. 기분 좋은 일이다.

완벽한 노던웨이 가이드, 후안

오늘 저녁 이곳에 머무는 사람은 모두 8명이다. 저녁을 각자 만들었지만 나는 스파게티를 넉넉히 만들어 독일 친구들과 나눠 먹었다. 두 친구는 몇 년 전 산티아고 가는 길 중에서 프랑스 길을 도보와 자전거로 두 번 완주했다. 이번이 벌써 세 번째로, 이번에는 북쪽 해안을 따라 산티아고로 가는 것이라고. 60세의 후안은 스페인 북서부 해안 마을 코루나 태생인데 10세 때 독일로 이민을 가서 지금은 독일의 에센에서 살고 있다. 그는 리바데오에서 그리 멀지 않은 고향 코루나로 가는 중이다.

후안은 내게 완벽한 노던웨이 가이드다. 그는 오늘 리바데오에 머무는 나의 목적에 100% 호응해준다. 그는 지도를 펼쳐놓고 내가 타게 될 기차의 정보와 걸으면 좋을 길, 이용하면 좋을 값싼 페리 정보까지 일러준다. 길 위에서 이렇게 좋은 안내자를 만나다니, 길이 내게 주는 복이 너무 크다는 걸 새삼 깨닫는다. 나 역시 길을 걸으며 누군가에게 늘 도움을 주고자 한다. 작은 친절이라도 먼저 베풀기 위해 노력하면, 그 결과는 언제나 내게 큰 도움으로 돌아온다는 것을 나는 경험을 통해 잘 알고 있다. 그런 작은 배려로 맺어진 사람들의 따뜻한 마음을 오늘 또다시 느끼며, 만족스러운 하루를 마감한다.

독일인 후안은 내게 완벽한
노던웨이 가이드다.

작은 항구 마을 쿠디예로

Cudillero

남성 전용 알베르게라고요?

아침부터 비가 제법 내린다. 아무래도 걷기는 힘들 것 같다. 프랑스 커플은 이곳에 더 머물 것이라 했고 자전거를 타고 온 순례자는 빗속을 달리기 위해 짐들을 비닐로 감싸고 안전장비를 점검한 후 먼저 떠났다. 나머지 일행은 거센 비가 그치거나 약해지길 기다렸다. 야속한 비는 그런 우리 맘을 아는지 모르는지 계속 쏟아진다. 후안은 자신들도 오늘은 가까운 곳까지만 걸을 계획이라며 내게도 버스나 기차로 이동할 것을 권했다. 이곳 알베르게의 스탬프는 인포메이션 사무실이나 경찰서나 시청에서 받으라고 안내되어 있었다. 판초우의를 걸치고 우리 셋은 빗속을 걸어 알베르게 스탬프를 받으러 갔다. 시청에서 겨우 스탬프를 받고 우린 서로 반대 방향으로 헤어져야 했다. 나는 동쪽, 그들은 서쪽으로.

이제 난 비스케이 만의 해안 도로를 따라 동으로 간다. 산티아고 가는 길 중 하나인 카미노 델 노르테Camino del Norte의 해안길, 즉 루타 델 라 코스타Ruta de la Costa를 따라가려는 것이다. 긴 구간은 교통수단을 이용해 이동할 계획이지만, 대부분은 걸을 작정이다. 또다시 걸으며 길을 배워가는 느낌으로.

후안이 안내해준 쿠디에로를 오늘의 목적지로 정했다. 종종 그림엽서의 모델이 되기도 하는 작고 아름다운 항구 마을이다. 토요일 버스시간표를 보니 평일보다 운행 횟수가 적다. 비는 잦아들 기미가 없고, 정류장에서 두 시간 동안이나 버스를 기다려야 했다. 게다가 쿠디에로까지 한 번에 가는 버스가 없어서 가까운 마을의 간이 정류소에 내려야 했다. 운전사 아저씨는 9km 정도 걸어가면 쿠디에로에 닿을 것이라고 일러주었다.

한 시간가량을 걸으니 순례길을 알리는 반가운 노란색 화살표가 나타났다. 세 시간 정도를 걸어서야 비로소 쿠디에로에 이르렀다. 내 경우 보통 한 시간에 4km를 걷는데 세 시간을 걸었으니 9km가 넘는 거리임은 확실하다. 쉬지도 않고 내리 걷기만 하여 지친 나는 알베르게에 이르자 반가운 마음에 얼른 뛰어 들어갔다.

하지만 그곳은 신부들의 작은 쉼터와 병행하고 있는 곳이라서 남자만 묵는 곳이고, 여성 전용 알베르게까지는 걸어서 7km를 더 가야 한단다. 이런 낭패! 두 시간이나 더 걸어야 한다고! 곧 날이 어두워질 텐데 이렇게 지친 몸으로 7km를 더 걷는 것은 정말 무리였다.

알베르게를 관리하는 노신부님은 그런 나를 걱정스럽게 바라보시더니 근처에서 호스텔을 운영하는 분께 전화를 걸어 싸게 숙박할 수 있도록 해주셨다. 직접 그 호스텔까지 나를 데려다 주신 신부님은 내가 들어가는 것을 보고서야 손을 흔들고 다시 알베르게로 내려가신다. "그라시아스!"라는 스페인식 감사의 말에 깊이 고개 숙이는 한국식 감사의 몸짓을 곁들여 깊은 감사의 마음을 신부님께 전한다. 내가 머물 호스텔은 깨끗하고 조용하다. 텔레비전에 욕조까지 딸린 넓고 깨끗한 싱글룸을 10유로에 쓸 수 있다니. 나는 방에서 혼자 열 번도 넘게 신부님께 "그라시아스!"를 외쳤다.

배낭을 내려놓고 더 늦기 전에 마을을 돌아보려고 바닷가로 나갔다. 쿠디예로는 아주 작은 만으로 이루어진 마을이다. 해안 절벽 위에 그림 같은 집들이 바다를 향해 오목하게 모여 있는 풍경이 이국적이다. 마을은 스페인 단체 관광객들로 붐빈다. 늦게까지 문을 연 관광안내소에서 지도와 교통 안내를 받고는 순례자 수첩에 스탬프를 받았다. 마을 중앙의 레스토랑과 기념품 가게마다 손님들로 넘쳐나지만 그것이 복잡하지 않고 오히려 생기 있게 느껴진다. 작지만 활발함이 곳곳에서 묻어나는 정겨운 마을을 오랜만에 걸으니 내가 마치 주말의 북적대는 인사동 거리를 거니는 외국인이라도 된 듯한 기분이다.

쿠디예로 → 리아네스
Cudillero → Lianes

재즈가 흐르는 열차 페베

이른 새벽 산길을 따라 마을의 가장 높은 언덕에 오른다. 토요일 밤의 열기에 지친 마을은 이제 막 잠든 것처럼 고요하기만 하다. 언덕 위의 기차역. 어디선가 귀에 익은 새벽닭이 울고, 낯선 이를 경계하는 개 짖는 소리도 저만치 아스라하다. 기차역에는 아무도 없다. 기차를 기다리는 이도, 역무원도 보이지 않는다. 기차 시간이 다 되어가는데? 관광안내소에서도 재차 확인한 기차 시간인데도, 정말 맞는 걸까, 의구심이 든다. 새벽부터 여행자를 불안하게 만드는 기차역이다.

그런데 기차 시간이 거의 다 됐을 무렵, 승용차 한 대가 들어서더니 역무원이 내려 태연하게 사무실로 들어갔다. 아슬아슬하게 기차표를 끊고서야 안도의 한숨을 내쉰다. 달랑 두 칸이 전부인 앙증맞은 기차 페베Feve도 제 시간에 도착했다. 크기와는 달리 내부는 깨끗하고 편안한 의자에 자전거를 실을 자리까지 갖추었다. 기차에 탄 사람은 채 열 명도 안 된다.

열차 스피커에선 재즈가 흘러나오고 있었다. 그것 참 희한하다. 스페인의 애잔한 플라멩코 기타 연주도 클래식도 아닌 미국의 재즈 음악이? 재즈의 고향 뉴올리언스로 가는 기차에서도 이런 경험은 해보지 못했는데. 저절로 귀를 기울이게 만드는 트럼펫 소리가 산마을에 자욱한 아침 안개와 더불어 환상적인 분위기를 자아낸다. 모르긴 몰라도 스페인의 이 작은 마을들을 오가던 음악애호가 승무원께서는 감미로운 재즈 연주가 제격임을 발견해냈을 것이다. 기차의 흔들림마저 재즈 피아노 리듬을 타는 듯 절묘하게 어우러졌다. 이런 풍경들이 있어 나그네는 어느 곳에서도 쉽사리 잠들지 못한다. 이렇게 갑작스럽게 마주치는 행복 때문에 나그네는 더더욱 스스럼없이 길을 떠난다.

사랑, 영원한 숙제

기차는 해안과 산길을 따라 작은 마을을 돌며 5분이 멀다 하고 섰다 간다. 타고 내리는 이는 거의 없지만. 기차를 바꿔 타느라 인피에스토Infiesto에서 내렸다. 여기서 무려 네 시간을 기다려야 한다. 시간도 때울 겸, 또 혹시 오늘의 목적지 리바이세야까지 가는 버스가 있나 알아볼 겸 마을의 중앙으로 갔다. 마을은 넓은 대로를 따라 길게 띠 모양으로 형성되었다. 조용한 일요일 아침. 분주한 곳은 빵가게뿐이다. 긴 바게트를 한둘씩 들고 나오는 마을 사람들이 서로 인사를 나누고 헤어지는 모습이 정겹다. 나도 부드럽고 따뜻한 빵을 하나 사들고 마을의 긴 대로를 따라 걸었다.

순례를 하는 동안에는 딱딱한 바게트만 지겹도록 먹었는데 오랜만에 갓 구운 빵을 먹고 있자니 구수한 빵 냄새만큼이나 기분도 향기로워졌다. 마을 끝까지 걸어봐도 버스나 다른 정보를 얻을 수 있는 곳은 없다. 어쩌다 지나는 이에게 물어도 손짓발짓조차 통하지 않는다. "좋아! 까짓 거 네 시간 기다렸다가 기차 타지 뭐!"

마을 중앙의 교회에 앉아 따뜻한 아침 햇살을 즐기고, 다시 마을을 걷다가 아담한 바 하나를 발견했다. 갑자기 커피 생각이 간절하다. 문을 열자마자 마을 주민들의 시선이 일제히 내게 날아와 꽂힌다. 빤히 쳐다보는 부담스런 시선이 그야말로 나를 밖으로 밀어냈다. 낯선 이방인, 그것도 동양인이 관광지도 아닌 작은 마을을 어슬렁거리는 게 그들은 그저 신기했을 뿐일 터인데, 괜히 내가 과민했던 건가? 구경거리가 되는 기분은 어쨌든 편치 않다. 커피 생각이 싹 가셨다.

우연히 만난 경찰들을 따라 경찰서로 가 순례자 수첩에 스탬프를 찍고, 그들의 안내로 버스정류장을 찾을 수 있었다. 어렵게 버스를 타고 리바이세야에 왔지만 알베르게는 이미 자리가 없고, 비싼 호텔뿐이다. 알베르게에서 스치듯 만난 오스트리아 아줌마 순례자와 함께 숙소를 구하러 리아네스로 갔으나, 그곳 역시 남은 건 유스호스텔뿐. 리아네스 호스텔. 2인실 숙박비 37유로.

게다가 체크인까지는 두 시간을 또 기다려야 하고. 우린 방을 함께 쓰기로 뜻을 모은 뒤 결국 호스텔로 갔다. 각자 지불하는 유스호스텔비보다 저렴하고, 무엇보다 기다려야 하는 불편이 없어 내린 좋은 결정이었다. 그녀와 같은 방을 쓰게 되었으니 이런저런 얘기를 나누었지만, 그녀도 나도 서로 나이와 이름은 묻지 않았다. 산티아고 길에 관한 공통의 화제는 넘쳤지만, 내가 그녀에 대해 아는 것이라곤 기껏해야 사회복지사로 일한다는 사실뿐이다.

이번 순례 중에 그녀의 일행 중 한 사람이 심장마비로 죽었다고 한다. 그는 마치 달리기라도 하듯 걸었고, 물도 자주 마시지 않는데, 알베르게에 도착하자 심장 통증을 앓아 병원에 갔다. 의사는 그에게 걷기를 중단하라고 강력하게 권했지만, 굳이 다시 알베르게로 돌아와 잠을 자다가 결국 심장발작을 일으켜 사망했다. 스포츠 하듯 순례길을 걷는 이들에게 이런

인피에스토에서 우연히 만난 경찰들을 따라 경찰서로 가 순례자 수첩에 스탬프를 찍고, 그들의 안내로 버스정류장을 찾을 수 있었다.

위험은 상존한다. 나도 카미노 프랑세스에서 죽음의 현장을 많이 지나왔고, 그것은 길을 걷는 이에게는 무언의 위협과도 같은 것이었다.

생각 없이 틀어놓은 TV에서는 소피 마르소 주연의 영화 「안나 카레니나」가 한창이다. 이미 결말 부분에 다다른 영화는 슬픈 사랑을 말하고 있었다. 사랑하는 모든 사람은 끝없이 고뇌한다. 사랑은 영원한가, 영원하지 않은가? 오스트리아 아줌마는 지나고 보니 사랑은 정말 영원하지 않은 거라며 쓸쓸히 말한다. "내게 사랑할 수 있는 열정이 남아 있다 해도, 영원하지 않은 사랑에 몸과 마음을 싣고 싶지 않아."

내가 지나쳐온 사랑은 어떠했던가? 나의 사랑 역시 영원하지는 않았다. 누구라도 그러하듯 나에게도 열렬한 사랑의 경험은 있다. 그리고 그 사랑이 영원할 거라고 믿었던 크기만큼 처절한 상처도 받았다. 그러나 왜 영원할 수 없는지 대들고 항변한들 무엇 하랴. 사랑은 어쩔 수 없이 다가오고 또 끝나는 것인데….

이제 나이가 들고 보니, 사랑은 이성과만 해야 하는 건 아니란 걸 알겠다. 이 넓은 세상에는 연애보다 훨씬 더 가슴 뛰는 일들이 그 얼마나 많은지 모른다. 길을 걸으며 나는 그 진리를 새삼 뼈저리게 깨달았다. 힘차게 걸어온 산티아고 길과 나는 얼마나 진한 연애에 빠졌던가. 밤이 다 가는 줄도 모르고 나는 이름도 모르는 그녀와 사랑의 상처와 이를 뛰어넘는 열망에 대해 끝없는 대화를 나누었다.

리아네스 → 산티야나 델 마르

Lianes → Santillana del Mar

산티야나의 웃음꽃

밤늦도록 수다를 떨고도 우리는 여유 있게 일어나 함께 리아네스의 해안으로 갔다. 리아네스 최고의 명물은 화려한 큐빅 방파제다. 네모난 방파제용 콘크리트 덩어리에 원색의 물감으로 알록달록 멋을 부렸다. 어디에나 피카소가 존재하는 듯한 땅, 어디서나 산초와 돈키호테가 말을 타고 등장할 것 같은 마을, 그런 곳이 바로 스페인이다. 화사한 방파제의 해변 마을 리아네스도 그런 점에서 어김없는 스페인 마을이다.

비가 내리기 시작하고, 나와 오스트리아 아줌마도 이제 헤어져야 한다. 난 동쪽으로, 그녀는 남쪽으로 간다. 우리는 서로의 행운을 빌며 긴긴 포옹을 나눴다. 더 이상 사랑 때문에 상처받지 않기를…. 아니, 사랑보다 더 큰 열망으로 나날이 축복받기를! 그녀도 나와 같은 생각인 듯, 내 머리를 쓰다듬으며 애틋한 미소를 지어보였다.

오늘의 목적지는 산티야나다. 산티야나는 그 유명한 알타미라 동굴이 있는 곳. 산티야나까지 기차가 가지 않아서 역무원이 가르쳐준 대로 버스를 이용하기로 했다. 관광객들로 넘치는 산티야나에는 호텔과 호스텔도 넘치지만, 나는 리바데오에서 만났던 후안이 알려준 사설 알베르게를 찾아 버스정류장에서도 8km나 더 걸어야 한다.

산티야나의 알베르게는 깊은 농촌 마을 언덕에 자리하고 있었다. 산티야나 호세 알베르게. 숙박비 10유로(아침, 저녁식사 포함). 침대 수 40. 마당엔 갖가지 꽃과 과일, 나무와 정원수로 가득했다. 알베르게를 운영하는 노부부는 오로지 스페인어밖에 할 줄 몰랐고 아들 호세 역시 프랑스어를 조금 할 뿐 영어에는 젬병이다. 그만큼 이 길을 지나는 사람들 대부분이 프랑스인이라는 뜻이기도 하다.

나는 먼저 와 있던 프랑스인들과는 다른 방에 배정받았다. 오늘 이곳에 올라오는 이가 없다면 독방을 쓸 수 있다. 창밖으로 마을의 풍경이 한눈에 내려다보이는 방이다. 짐을 풀고 나오니 노부부와 호세가 거실에 앉아 나를 기다렸다. 내가 다리를 절며 들어서는 것을 보았다며 무릎에 좋은 치료를 해준단다. 호세가 직접 만들었다는 허브 엑기스를 내 두 무릎에 바르고는 정성스럽게 손으로 마사지를 해준 뒤 작은 온풍기를 쐬어준다. 정말 신기하게도 무릎이 시원하게 풀리면서 한결 가벼워지는 느낌이다. 온풍기는 호세 가족의 훈훈한 마음을 내 가슴에 불어넣었다.

저녁 준비를 하기 전에 호세는 또 하나의 친절을 베풀었다. 알베르게 안팎으로 나를 데리고 다니며 갖가지 꽃과 나무들 이름을 일러주고, 채소밭에서는 직접 기른 오이와 토마토, 자두를 함께 땄다. 손짓발짓을 곁들인 간단한 스페인어와 영어로 나누는 억지대화지만 그의 예쁜 마음까지 모두 이해할 수 있다.

저녁 식사는 그의 가족과 손님 모두가 함께했다. 할아버지가 직접 잡은 물고기 튀김, 수프, 조금 전에 밭에서 뜯은 채소로 만든 샐러드, 그리고 빵.

네모난 방파제용 콘크리트 덩어리에 원색의 물감으로 알록달록 멋을 부린
리아네스 최고의 명물 큐빅 방파제.

신선한 재료에서 느껴지는 깔끔한 맛은 일품이다. 후식으로 요거트와 자두가 풍성하게 나왔다. 달콤하고 향이 진한 자두는 모두에게 인기 있었다.

호세는 내가 거실에 앉아 있을 때 스페인 방송이 나오고 있는 TV 채널을 폭스TV로 맞춰주기도 했는데, 스페인어를 알아듣지 못하는 나를 배려한 것이다. 마침 폭스TV의 뉴스에서는 이라크의 참혹한 폭탄 폭발 현장과 LA 하이웨이에서 일어난 음주 운전자의 끔찍한 교통사고 화면이 흐른다. 지금껏 산티아고 길에서 내가 경험했던 아름다운 자연과 마음의 평화, 그리고 낯선 이들과 나누는 따뜻한 교감과는 너무나 거리가 먼 영상들이다. 그렇지, 저 '딴 세계'에서 내가 여기로 왔던 거지….

동네 아주머니가 놀러오셨다. 서로의 몸짓에 주의를 기울이며 종이에 그림을 그려가며 나누는 대화는 따뜻한 감정을 전달하기에는 더 효과적인 소통법 같다. 이야기 도중 호세의 어머니는 수술을 여러 번 했다며 옷을 들어 배와 무릎에 남은 수술 자국을 보여주었다. 상처가 아직 아물지 않은 듯 보여 마음이 아렸다. 문득 사용하지 않은 비상 약품이 생각났다. 할머니께 드리기로 냉큼 마음먹고, 어떻게 사용하는지 하나하나 설명하며 그림을 그려 약에 붙인다. 할머니 눈가에 금세 그렁그렁 눈물이 고인다. '할머니, 왜 그러세요. 제게 이렇게 넘치게 푸근한 마음을 주시고서는. 제가 받고 가는 온기만큼 큰 것을 드리지 못해 죄송해요.'

방으로 돌아오니 하얀 레이스로 덮인 탁자 위에 아름다운 꽃송이와 허브 꽃가지로 채워진 꽃병이 놓여 있다. 방안이 온통 향기와 화사함으로 가득 찼다. 호세가 고마움의 표현으로 꽃을 선사한 것. 입가에 저절로 웃음꽃이 핀다. 커튼을 걷고 내다본 검은 하늘엔 맑고 푸른 별들이 총총 웃고 있다.

산티야나 델 마르 → 게메스
Santillana del Mar — Güemes

알타미라, 선사시대의 미켈란젤로

으레 하룻밤 묵고는 다시 길을 떠나야 하는 알베르게. (장기 투숙을 금하는 게 거의 모든 알베르게의 원칙이다). 산티야나의 알베르게도 그렇게 훌쩍 떠나야 하는데, 벌써 이들과는 정이 든 듯 온 가족의 배웅을 받으며 알베르게를 나설 때는 그들에게 작별을 고하느라 쉬이 발걸음이 떨어지질 않는다. 아침 식사 후 혼자 차를 마실 때는 할머니께서 다른 순례자들 몰래 자두가 가득 든 봉투를 내게 찔러주시기까지 했다. 미안한 감격, 그런 감정에 휩싸인 내 얼굴은 울 듯 말 듯 편치 않다. 몸을 돌려 알타미라 동굴을 향해 걸으며 꼭 다시 돌아와 이들에게 뭔가를 해주리라 다짐했다.

한 시간쯤 걸었을 때 갑자기 차 한 대가 서더니 예쁜 아가씨가 혹시 알타미라 동굴로 가냐고 묻는다. 그렇다고 했더니 자기가 그곳의 기념품 가게에서 일한다며 태워주겠다고 한다. 덕분에 편하게 차를 얻어 타고 와서 일등으로 매표소에 섰다. 조금 일찍 온 탓에 매표소 문은 아직 열리지 않았다. 기다리는 사이 할머니가 담아주신 자두를 하나 입에 물었더니 금세 헤어진 할머니와 호세가 그리워졌다. 다 먹고 난 자두 씨를 언덕 아래 풀밭으로 던지며 내가 던진 자두 씨가 이곳에서 자라날 수 있길 소망했다. 호세와 할머니의 손으로 길러진 진하고 상큼한 자두. 내가 서 있는 이곳에서 언젠가 다른 이들이 이 자두 맛을 볼 수 있게 될까. 그런 엉뚱한 상상을 하고 있자니 시간이 금방 간다.

관람자들은 스페인어와 영어, 독일어 그룹으로 나누어 안내인의 인도를 받게 된다. 영어 그룹에 속해 알타미라 동굴 벽화가 세상에 모습을 드러낸 경위에 대해 들었다. 마르첼리노 상스 데 사우투올라Marcelino Sanz de Sautuola는 산티야나 근처의 푸엔데 산 미구엘에 사는 유복한 지주로서 문화와 과학에 폭넓은 관심을 가진 아마추어 과학자이자 고고학자였다. 1879년 그는 어린 딸 마리아와 함께 어떤 동굴을 조사하고 있었다. 지루해하던 마리아는 동굴 안을 혼자 돌아다니다가 안쪽 깊은 구덩이에 빠져버리고 말았다. 딸을 발견한 사우투올라는 램프를 밧줄에 매달아 딸에게 내려보낸 뒤 아이를 구하려고 자신도 동굴 안으로 내려갔다. 그곳은 꽤 넓은 굴이었는데 램프를 들고 이곳저곳을 기웃거리던 마리아는 벽에서 그 유명한 들소 그림을 발견했다. 천장에는 소, 말, 돼지의 그림이 생생하게 그려져 있었다. 그 동굴 안에는 벽화 말고도 선사 시대의 유물이 헤아릴 수 없이 많이 널려 있었다. 사우투올라가 그렇게 원했던 선사 시대의 유적을 딸이 동굴로 떨어지는 사고로 우연히 발견하게 된 것이다.

성경에 따르면 인간의 역사는 6,000여 년 전 에덴동산에서 시작되었지만 이곳 역사는 1만 4,500년 전으로 추정된다니, 어느 장단에 춤을 출까. 인간의 첫 조상 아담과 하와는 하나님이 보기에도 흡족하게 창조되었는데, 이곳에 남아 있는 고대 인류 역사는 진화의 단계로 설명되는 크로마뇽인의 흔적이다. 어린 시절 알타미라 동굴 벽화와 구석기 시대 크로마뇽인에 대해 배울 땐 사실감이 없었는데, 고고학으로 증명된 옛 인류의 생활 현장에 서서 상상하기도 어렵게 오랜 역사를 실감하자니 혼란스럽기까지 하다.

동굴 벽화는 방사성 동위원소 탄소 14의 연대 결정으로 1만 4,500년 전의 작품으로 판명되었다. 너른 유럽 땅이 얼음으로 덮여 있던 구석기 시대 원시인들의 예술적 재능이 이토록 뛰어났다는 게 도저히 믿기지 않는다. 바위의 갈라진 틈이나 도드라진 부분을 절묘하게 이용해 동물을 더욱 생동감 있게 표현하는 등, 이 많은 작품을 그린 단 한 사람, 그는 과연 '선사 시대의 미켈란젤로'라고 불릴 만했다.

세계 곳곳의 많은 이가 오랜 역사의 현장을 보려 이곳을 찾았다. 하루에도 수천의 방문자가 내뿜는 이산화탄소는 증기의 산성화를 일으켜 석회암을 침식시켰고, 벽화의 색소도 분리되고 탈색되기에 이르렀다. 1970년부터 1982년까지 동굴은 폐쇄되었고, 그동안 동굴을 완벽하게 복제시키는 일이 진행되었다. 그 결과 1만 4,500년 전과 같은 기법으로 알타미라의 예술이 재현되었다. 아무리 훌륭하게 복제한다고 해도 실물 그대로 재현할 수는 없을 것이고, 진품을 보는 감흥과도 다를 것이다. 아쉬움이 컸지만, 인류의 위대한 유산을 지키려는 소중한 마음으로 위안을 삼을 수밖에.

나의 엽서, 나의 마음

알타미라를 나와 걷다가 히치하이킹을 시도했다. 이곳에서 지하철 역할을 하는 페베를 타고 산탄데르로 가기 위해 어디든 기차역까지 얻어 탈 생각이다. 처음엔 차가 너무 잡히지 않자 우스갯소리로 "다리라도 걸어붙여 볼까나"라고 혼잣말을 하며 웃었다. 조금 뒤 고맙게도 한 중년 커플이 탄 차가 서더니 나를 태우고 20분 거리의 푸엔테 산 미구엘 역까지 데려다주었다. 이 역에서 기차를 타면 30분 만에 산탄데르에 도착할 수 있다.

기차역 근처의 우체국에서 알타미라에서 구입한 엽서에 빼곡하게 글씨를 채워 보냈다. 나의 여행 기념엽서는 스페인 곳곳에서 내가 그리워하는 사람들이 있는 곳으로 보내졌다. 엽서를 부칠 때마다 내가 속한 이 시간과 공간의 느낌을 그대로 담아 날아갈 것만 같아 언제나 뿌듯하다.

　내 딸들은 내가 보낸 엽서를 받으면 스페인의 공기가 느껴진다고 했다. 그리고는 컴퓨터를 켜고 구글 어스를 통해 내가 있는 곳을 체크하면 마치 나와 함께 가고 있는 듯한 기분을 느낀다고 했다. 기특하고 사랑스런 내 딸들. 얼른 만나서 맛있는 음식을 해놓고 내가 경험한 이 여행에 대해 재밌게 수다를 떨고 싶은 마음이 간절해진다.

떠돌이 어네스토 신부님

　페베에서 내리니 번잡한 해안도시인 산탄데르가 한눈에 들어온다. 사실 나는 게메스에 가기 위해 산탄데르까지 왔다. 그곳에 평화로움을 전도한다는 특별한 신부님이 계신다고 하여 뵈러 갈 작정이다. 페리선을 타고 만 건너편으로 간 뒤 다시 25km 정도를 걸어야 한다. 페리에서 내려 걷는 아스팔트길은 너무 지루하고 피곤하다. 제대로 된 가이드 북 없이 칸타브리아 지방 지도만 달랑 갖고 있어서 자연의 정취를 제대로 느낄 수 있을 길을 택할 수 없는 게 못내 아쉽다.

　게메스에 거의 당도해서야 한적한 산길이 나타났다. 홀로 울울창창한 숲길을 걸으니 월정사로 오르는 전나무 숲을 나 홀로 독차지한 듯 뿌듯하다. 오르막과 내리막을 반복하며 작은 산 하나를 넘어 게메스에 도착했다. 그러나 특별한 신부님이 계신 알베르게는 게메스에서도 다시 가파른 언덕을 올라가야 하는 곳에 있었다. 언덕길은 멀리서 보기엔 동화책에 나올 것 같은 아름다운 길이었지만, 정작 오르려 하니 나처럼 오랫동안 걸어온 자

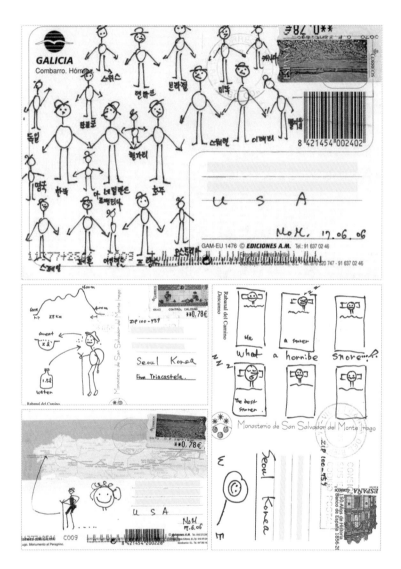

스페인 곳곳에서 내가 그리워하는 사람들이 있는 곳으로 보낸 기념엽서.
엽서를 부칠 때마다 내가 속한 이 시간과 공간의 느낌이 그대로 전달되기를 바랐다.

에게는 지팡이를 짚고 사정하며 올라야 하는 길이 된다.

경사진 곳에 풀어놓은 회색 말이 눈으로 내 걸음을 쫓는다. 말의 눈길을 따돌리고 모퉁이를 돌아 언덕에 오르니 풀숲에서 졸고 있던 고양이가 고개를 들어 조용히 나를 바라본다. 비탈진 들판 한편에는 졸린 눈을 한 얼룩소가 되새김질에 여념이 없고, 염소들은 작은 방울 소리를 내며 반대편 비탈길을 오르내리느라 분주하다. 내 지팡이 소리를 듣고 길가에 있던 집에서 개가 뛰어나와 몇 차례 짖어대더니 별 볼일 없는지 슬그머니 도로 제집으로 들어간다. 사람은 보이지 않았지만 이렇게 귀여운 동물들을 만나며 굽이굽이 돌고 돌아 오르는 길, 몸은 고달프나 기분을 충만하게 하는 길이다. 무심코 고개를 숙이니 풀잎 사이로 길을 잃은 달팽이도 용을 쓰며 흙길을 기어가고 있다. 나도 달팽이처럼 어기차게 경사진 언덕을 오르니 드디어 알베르게가 보인다.게메스 알베르게. 숙박비 5유로(기부금). 침대 수 40.

먼저 도착한 순례자들은 마당에 앉아 한가로운 시간을 보내고 있다. 내 맘에 드는 곳 어디에서든 잘 수 있다고 하는 걸 보니 비어 있는 침대가 많은가 보다. 침대를 골라잡고는 곧바로 쓰러지듯 잠이 들었다가 순례자들이 마당에서 즐겁게 노는 소리에 겨우 깨어났다. 온몸이 쑤셔 일어나기가 힘들었지만 알베르게의 절차를 밟아야 하기에 일어나 스탬프를 받으러 갔다. 담배를 피우고 있던 자원봉사자는 이곳에 온 첫 동양인이라며 내게 기념으로 방명록에 한국말로 인사말을 남겨 달라고 부탁했다. 그러자 하나둘씩 사람들이 모여 한국어로 방명록을 쓰는 나를 유심히 지켜보았다. 난 신경 써서 또박또박 종이 위에 글씨를 쓴 뒤 지켜보던 이들에게 무슨 내용인지를 영어로 해석해주었다. 한글을 처음 보았다는 그들은 내가 쓴 글씨가 아름답다며 카메라를 가져와 셔터를 눌렀다.

게메스 수도원에서 운영하는 이곳은, '평화의 전도사'라고 불리는 어네스토 신부님이 운영하는 알베르게다. 나는 이 신부님에 대한 호기심으로 이곳까지 오게 되었는데 역시 그는 다른 알베르게와는 뭔가 다르게 개인 사무실을 공개해 누구든 자유롭게 책을 볼 수 있도록 해두었다. 사무실 안에는 아프리카, 인도 등 여러 나라를 돌아다니며 찍은 사진을 슬라이드 필름으로 잘 정돈해두었다. 그 필름의 양이 어마어마해 2층 대형 서재의 절반을 차지하고 있었다. 어떤 분일지 점점 궁금해졌다.

저녁 식사 후 모두 모여 대화를 나누는데 드디어 어네스토 신부님이 들어오셨다. 하얀 수염이 얼굴을 덮은 모습이 영락없이 헤밍웨이를 닮았다. 티셔츠에 청바지 차림으로 카메라를 메고 알베르게로 돌아온 신부님은 평화로움의 전도사라는 별명보다 자유로움의 전도사라는 말이 더 어울리는 듯 보였다.

그러나 신부님께서 순례자들에게 베푸는 친절과 미소를 보고는 나는 비로소 그가 그 존재만으로도 사람들에게 평화로움을 줄 수 있는 귀한 존재라는 것을 알았다. 복도에서 절뚝거리며 걷는 나를 본 그는 다리가 많이 아프냐고 걱정스럽게 물었다. 그래서 나는 허락해준다면 하루 더 쉰 후 몸을 회복해서 떠나고 싶다고 부탁드렸더니 걱정 말고 쉬었다 가라고 하신다. 모두 잠자리에 든 후 조용한 알베르게 마당에 혼자 나와 밤하늘을 바라보았다. 덤으로 얻은 하루가 마치 열흘을 더 쉬는 듯한 마음의 여유를 준다. 밤공기는 상쾌하고 밤하늘의 별들은 손을 뻗으면 손가락 끝에 와 박힐 것처럼 가깝다. 커다란 지구본 위에 앉아 있는 기분이다.

게메스
Güemes

게메스의 동양인 자원봉사자

프랑스 길을 걷는 이와 노던웨이를 걷는 이들에게 다른 점이 있다면 알베르게를 떠나는 시간이다. 프랑스 길의 알베르게는 새벽 4시부터 출발하기 시작해 7시경이면 거의 모두 길을 떠난다. 그런데 이곳에서는 다들 8시경에 아침을 먹고 느긋하게 출발한다. 어네스토 신부님은 식사를 같이하며 떠나는 순례자들을 자상하게 챙긴다. 길 떠나는 순례자들의 얼굴을 사진으로 남기고는 그들이 산 아래로 내려갈 때까지 손을 흔들며 배웅한다. 알베르게에 남은 사람들의 따뜻한 배웅을 받으며 떠나는 순례자에게는 하루 종일 힘들어도 견딜 수 있는 힘이 충전된다. 그래서 그들의 모습이 거의 보이지 않을 때까지 배웅하는 신부님의 모습이 아름다워 보인다. 나도 가만히 신부님 곁에 서서 손을 흔들었다.

사람들이 떠나자 어니스토 신부님은 다시 카메라를 들고 어디론가 나섰다. 펠리페는 덩치가 곰처럼 큰 개와 함께 알베르게의 넓은 뒷마당을 산보한다. 개와 함께 같이 즐겁게 뛰며 노는 모습이 꼭 어린 남자아이처럼 해맑았다. 그라나다 출신의 자원봉사자인 펠리페는 꼭 아라비아의 부호처럼 생긴데다 음식 솜씨도 좋다. 인심도 그만이어서, 와인을 순례자들이 먹고 싶은 만큼 내주기도 했다. 그가 아침에 해야 할 일은 개 산보시키기, 닭 모이 주기, 청소하기다. 바쁜 그를 위해 오늘의 설거지는 내가 맡기로 했다. 그는 다리도 아픈데 쉬라고 극구 나를 말렸지만 괜찮다며 내가 고집을 부렸다. 설거지를 마치고는 펠리페를 따라 닭장으로 가서 모이를 주었다. 그는 닭장 안으로 들어가더니 오늘 낳은 달걀 다섯 개를 갖고 나왔다. 솔개 한 마리가 높이 날며 먹이를 찾는 듯 마을 위에서 원을 그린다. 이제까지 거의 모든 닭이 그물망 울타리에 갇혀 있는 이유는 바로 저 솔개 때문이리라.

그와 나는 스페인어와 영어를 섞어 대화를 나누었지만 다른 이들보다 소통이 잘 돼 즐겁게 수다를 떨었다. 오전 일을 다 마치고 점심 식사까지 끝낸 그는 시에스타를 즐기러 그의 전용 룸으로 들어갔다. 어네스토의 서재에서 그의 수집품과 각종 지도를 보며 쉬는데, 갑자기 개 짖는 소리가 크게 나서 내려다 보니 땀에 흠뻑 젖은 순례자 두 명이 막 알베르게로 들어서고 있다. 내가 주인이라도 된 것처럼 반갑게 그들을 맞이했다. 그들이 묵을 방과 샤워장을 알려주고 증명서에 스탬프를 찍은 후 기부금 안내까지 척척 말이다. 배가 고프다면 식사가 준비되어 있으니 맛있게 먹으라는 말도 곁들였다. 그들은 내내 의아하다는 듯한 얼굴로 내 설명을 들었다. 그러더니 그중 한 명이 기어코 참지 못하고 묻는다.

"너 정말 자원봉사자야? 동양인 자원봉사자는 처음 봤어."

"그럼, 당연히 자원봉사자지."

"우와, 정말 신기하다! 얼마나 됐어?" 그렇게 묻는 표정이 딴 세계에 온 지구인 같다. 그의 질문이 끝나자마자 나는 냉큼 "하루!"라고 대답했다.

떠돌이 어네스토 신부님은 순례자들의 얼굴을 사진으로 남기고는
그들이 산 아래로 내려갈 때까지 손을 흔들며 배웅한다.

그때서야 그들은 농담이었다는 것을 알아채고 폭소를 터뜨리며 손사래를 홰홰 젓는다. 같이 한 번 더 크게 웃고는 짐을 내려놓을 방을 안내했다.

색다름의 매력

오늘 알베르게 식구는 포르투갈과 독일인 각 2명, 안도라, 프랑스, 뉴질랜드, 체코, 한국, 스페인 각 1명씩 8개국 10명이다. 다행히 모두 영어를 할 줄 알아 재미난 대화를 나누기에 안성맞춤이다. 그중 서글서글 잘 웃는 포르투갈인인 신부님은 아침에 수도원에서 떠나올 때 수녀님들이 챙겨준 생선 통조림과 올리브를 같이 먹자며 내놓는다. 무척 유쾌한 성격으로 모두를 즐겁게 하는 능력의 소유자다. 안도라 사람은 가는 길을 확인하고 또 확인하느라 지도를 얼굴에 붙인 채 알베르게로 들어왔고, 프랑스인은 넘어졌는지 이마와 귀에서 피를 흘리며 들어와 사람을 놀라게 했다. 뉴질랜드인은 배낭에 양말과 속옷을 주렁주렁 매달고 와서 인상적이었고, 노란 턱수염을 염소처럼 삐죽하게 기른 체코인은 유난히 수줍음이 많았다. 천하무적 독일 아줌마들은 씩씩하게 언덕을 올라와 들어오자마자 벌컥벌컥 물을 마셨다. 모두가 색다른 모습으로 알베르게에 등장했다.

순례길에 오르기 전에는 그들이 어떤 삶을 살았을까? 이곳에서 하루 더 여유롭게 쉬면서 사람들을 맞으며 나는 문득 그런 생각에 사로잡혔다. 다들 분명 서로 다른 인생을 살고 있었을 텐데, 서로 비슷한 모습으로 비슷한 경험을 하면서 길을 걷고 있다. 길거나 혹은 짧았을 길을 걷고서 또 이렇게 작은 공간에서 한데 모였고. 삶에서 인연이라는 사건은 정말 알 수 없는 곳에서 일어난다는 생각이 든다. 이곳엔 프랑스 길을 걸을 때 묵었던 알베르게의 시끌벅적한 분위기와는 또 다른 소박한 매력이 넘친다.

게메스 → 빌바오
Güemes → Bilbao

빌바오로 가는 길

아침을 먹으며 펠리페는 자신의 차로 페베 역까지 데려다줄 테니 점심 먹고 기차 시간에 맞추어 편히 가라고 한다. 빌바오행 기차를 타려면 시원찮은 무릎으로 꼬박 25km를 걸어야 하는데, 그런 사정을 알고 있는 그가 도움을 준 것이다. 인정 많은 펠리페가 또 나를 울린다. 자신의 시에스타 시간을 날려가며 나를 데려다주다니. "그라시아스, 무초 그라시아스!" 아침 설거지를 하고 방으로 돌아오니 독일 아줌마들은 메모를 남겨놓고 그냥 떠났다. 친절함에 감사하다는 말과 함께 껌 한 통이 놓여 있다. 아디오스, 아미고!

열차에서 벨기에 자전거 순례자를 만났다. 그는 프랑스 길을 마치고 자전거와 기차를 이용해 다시 고향으로 돌아가는 중이라고 한다. 그 모습이 참 부럽다. 나도 비행기가 아니라 다시 길을 지나서 집으로 돌아갈 수 있다면 얼마나 좋을까. 그는 빌바오에서 산세바스티안까지는 아름다운 해안 길이기 때문에 놓칠 수 없어 자전거를 탈 거라고 한다. 그 말을 들으니 더욱 부럽다.

열차가 칸타브리아 지방을 벗어나자 승무원이 바뀌고, 안내 방송도 두 개의 언어로 반복된다. 스페인어로만 나오다가 바스크어가 추가되었지만 내게는 둘 다 이해할 수 없는 말들. 바스크 지방. 집으로 가기 전에 또 낯선 땅을 만난다. 하지만 이제는 지나칠 따름이다. 빌바오에 들러 철강과 조선산업이 부흥하던 시절의 항만과 창고, 화물 철도역이 있던 자리에 새로 들어선 구겐하임 미술관에 찬탄을 터뜨릴 것이고, 스페인 최고의 여름 휴양지로 이름 높은 해변도시 산세바스티안에도 들를 것이다. 그러나 모두 지나칠 따름….

순례하는 동안 내내 손에 쥐고 다녔던 지팡이를 매만져본다. 감회가 새롭다. 다람쥐는 손때가 묻어 꾀죄죄하고, 지팡이 끝 쇠심도 닳아 뭉툭해졌다. 투박해진 지팡이의 꼬락서니가, 그 지팡이에 의지해 걸었던 길에 대한 그리움이 되어 가슴을 가득 메운다. 산티아고에서 내 오랜 카미노 친구들과 헤어졌을 때 나는 이미 내가 걷는 길이 끝나는 슬픈 기분을 맛보았다. 그래서인지 막상 길을 떠나 집으로 돌아가는 지금은 오히려 담담하다. '나는 꼭 다시 찾아올 거니까….' 당연하다는 듯이 되뇌어보지만, 다시 오지 못하면 어쩌나, 자꾸 뒤돌아보는 심정이 되는 건 어쩔 수 없다. 서운하다면 그게 서운한 거고, 두렵다면 그게 두려운 거다. 주르르 눈물이 흐른다. 길고 긴 길을 마쳤다. 이제 정말 집으로 돌아갈 일만 남았다.

같은 알베르게에 묵었던 독일 아줌마들이 친절하게 대해줘
고마웠다는 메모와 껌 한통을 남겨놓고 떠났다.

Epilogue
끝나지 않은 카미노

빌바오에서 올라탄 기차에서는 클래식이 흐르고 있었다. 이전까지는 재즈와 올드팝이었다. 산세바스티안까지 가는 버스도 있지만 무려 35유로인 데 비해, 기차는 겨우 6유로다. 버스로는 짧은 시간에 갈 수 있지만, 난워낙 기차 체질이다. 긴 여행의 끝을 느긋한 세 시간의 기차 여행으로 마무리한다 생각하니 벌써 맘이 편안하다. 게다가 싼 가격에 멋진 창밖 풍경까지 덤으로!

열차 안에 한 무리의 청소년이 탔다. 빌바오의 유스호스텔에서 본 아이들이다. 잠시 후 한 역에서 인근 해안으로 수영하러가는 소녀들이 올라탔다. 그녀들은 소년들의 뒷자리로 가 등을 지고 앉았다. 예쁜 소녀들이 타자 열차 안은 소년들의 목소리로 이내 소란스러워진다. 관심을 끌기 위해 목소리가 짐짓 커졌고, 눈치를 살피는 기색이 역력하다. 나도 저런 시절이 있었을 것이다. 소풍 길에 남학생을 만나면 여학생은 더 여성스러워지고 남학생은 더 짓궂어지기 마련이었으니…. 소녀들은 해변 가까이의 역에서 내리며 소년들의 성의에 화답하듯 환한 미소를 던졌고, 열차에 남은 소년들은 환호성을 내지르며 허공으로 카드를 마구 날려댔다. 잠잠…. 소녀들이 떠난 열차는 바람 빠진 풍선처럼 아연 시들해졌다.

그렇게 마악 지루해지려는 즈음 산세바스티안에 도착했다. 노던웨이를 걸어 산티아고를 찾았다는 순례자들 대부분이 강력 추천한 곳이 산세바스티안이다. 비스케이 만에 자리 잡은 아주 작은 해변 도시로서, 해변이 아름답기로 유명해서 일찍이 휴양지로 이름난 곳. 스페인 최고의 피서지로서 왕실 가족들도 즐겨 찾는다고. '대서양변의 리비에라'로 불리는 휴양지답게 스페인에서 국민소득이 제일 높은 지역이며, 부자들이 많이 사는 곳이기도 하다.

　내가 산세바스티안을 알게 된 것은 여기서 열리는 영화제 때문이다. (축구 팬들은 이천수 선수가 뛰었던 레알소시에다드 클럽의 연고지로 그 이름을 접했을 터이지만.) 서울이 올림픽과 월드컵 유치로 전 세계 사람들에게 알려진 것처럼 이 작은 도시 산세바스티안은 영화제로 사람을 불러모으고 도시를 알리는 데 성공했다. 그렇게 할 수 있었던 것은 물론 아름다운 해변의 역할이 컸다.

　아름다운 집과 별장이 즐비한 해변을 따라 산보하듯 유스호스텔을 찾아갔다. 이곳은 한국인이 자주 찾는 곳이다. 내가 들어서자 한국 사람임을 금방 알아볼 정도다. 여기서 묵는 순례자들은 이제 막 출발하려는 이들이 대부분이다. 그들은 내가 이미 산티아고와 피니스테레까지 다녀온 것을 알고 부러워한다. 그렇다고 우쭐해지는 기분은 전혀 아니다. 오히려 아~ 아름다운 나의 산티아고 여행길이 이제 드디어 끝나는구나 하는 아쉬움으로 가득할 따름이다.

가방을 내려놓고 가벼운 몸으로 해변으로 나갔다. 넓은 해변은 가족들과 연인들로 이미 붐빈다. 모래성 쌓기에 분주한 아이들도 보였다. 젖은 모래를 두 손 가득 모아 쥐고서 조금씩 흘려가며 신중하게 모래성을 쌓는 모습을 보니 천재 가우디와 피카소의 자손들답다는 생각이 절로 든다. 선탠 하는 아가씨들이 대형 타월을 펼쳐놓고 오일을 바른 뒤 눕는다. 상체를 벗는 것은 예사다. 비키니 팬티만 입은 채로 몸매를 뽐내며 햇빛 아래 누워 있다.

아마 그때쯤이었을 것이다. 무언가 어긋나고 있다는 느낌이 들었던 게. 여행자로 낯선 곳을 찾았을 때 유독 내 눈물샘을 자극하는 정경이 있다. 번화한 바닷가나 강가에 서면 난 거의 예외 없이 애잔한 정서로 흐느끼며 노래를 불렀다. 촉촉한 감수성이 후끈 일어나 눈물과 노래의 묘한 조합을 자아낸 것이다.

그러나 푸른 물결 넘실거리는 산세바스티안의 아름다운 해변은 나의 마음을 채워줄 아무런 정서도 불러일으키지 않는다. 모래사장 위로 눈부시게 부서지는 저 찬란한 햇살 또한 내 마음을 바삭바삭 건조시킬 따름이다. 세련된 여름휴양지의 흠잡을 데 없이 가지런한 해변 풍경은 자꾸 나를 밀어낸다. "당신은 이방인, 당신은 이방인~" 파도조차 그런 나지막한 주문을 외는 듯하다.

더위에 쫓겼는지, 아니면 밀어내는 해변에 쫓겼는지, 나는 어느덧 야외 카페의 파라솔 아래로 기어들어, 거리의 악사가 펼치는 연주에 무심히 귀를 내맡기고, 입에 머금은 차가운 와인을 음미하며 고개 들어 하늘을 올려다본다.

'이제껏, 길 위에서, 나와 길은 조화로웠어. 내가 길을 걷는 겐지, 길이 나를 따르는 겐지 모를 정도였지. 길 위에서, 생면부지의 누군가와 마주쳐도 우리는 반가웠어. 길 위에서, 길을 통해 우리는 무언가로 맺어졌고, 서로에게 낯선 타인도 희한한 이방인도 아니었어.'

까만 우주 공간에 은하수 반짝이듯, 올려다보는 하늘 위로 길고도 긴 길이 활짝 펼쳐진다. 왈칵 그리움이 솟구친다. 무언가 어긋난 게 아니었구나⋯. 이유 없는 처연함이 이제 이유 있는 그리움으로 거듭나는 것이로구나⋯.

그리움은 길을 향해 있다. 길은 마치 사랑하는 연인처럼 내게 속삭인다. 어서 오라고. 가슴이 두근거리며 설렌다. 난 내 인생에서 열정의 시간은 이미 끝난 줄 알았다. 하지만 산티아고 길을 걸으면서 내 인생에 새로운 계절이 열렸다. 새로운 사랑이 시작되었다. 카미노는 내게 고통과 인내를 요구했지만 그보다 더 큰 희망과 기쁨으로 보답했다. 이제 새로운 길, 새로운 만남을 기대하며, 난 기꺼이 즐거운 나그네가 되어 다시 길을 걸을 것이다.

나의 카미노 친구들

지난 봄, 오 세브레이로의 산마루에 힘들게 올라 숨을 헐떡이며 방금 지나온 아랫마을을 바라보며 서 있을 때다. 촉촉한 바람이 시원스레 콧속을 드나들고, 길게 호흡할 때마다 장쾌한 칸타브리아 산맥의 기운이 온몸으로 퍼졌다. 아련한 꿈결처럼 들려오던 소 방울 소리는 어쩐지 산사의 고적한 풍경 소리를 닮았다.

그 산마루의 기억을 아스라이 떠올리며 지금 난 서울 도심 한복판 고층 빌딩의 창가에서 8차선 도로를 메운 자동차 행렬을 바라보고 있다. 황사 바람이 부는 뿌연 도시는 무한히 가라앉는 우울과 몸을 옥죄는 권태를 전염시키고 있다.

방금 도착해 내 손에 쥐어진 엽서 두 장. 네덜란드의 헤니와 이탈리아의 피아가 보낸 소식은 나른한 기분을 확 바꾸어 놓는다. 우린 이메일로도 연락하지만 고향의 기념엽서를 골라 이렇게 주고받기도 한다. 일주일이면 이런 엽서가 두어 장씩 내 앞으로 온다. 여러 나라에서 보내는 내 카미노 친구들의 기념엽서들!

카미노를 함께 걸으며 서슴없이 서로를 '가족'이라고 부르며 우정을 나눈 우리는, 저녁이면 그날 아침에 미리 정해둔 알베르게에 다시 모였다. 산티아고를 떠난 우리는 거의 한결같이 함께했던 시간들을 그리워하는 열병에 빠졌고, 이렇게 이메일로 또 엽서로 그 그리움을 달랜다.

나 / 얀 / 헤니 / 뤼네 / 듀카

나만의 노란색 화살표이며 뉴스 리포터였던 나의 특별한 친구 얀! 그의 아내 마르야와는 자주 메일과 엽서를 주고받는다. 물론 헤니도. 헤니와 얀은 때론 쿠키와 자잘한 기념품들을 챙겨보내기도 한다. 얀은 막내아들이 사고(?)를 쳐 어린 며느리를 보게 되었고 얼떨결에 손자까지 얻었다. 그 때문에 마르야가 한동안 마음고생을 했다.

뤼네와 듀카는 이메일을 하지 않는다. 뤼네는 또박또박 쓴 글씨로 장문의 편지를 쓴다. 그새 그는 리우데자네이로를 다녀왔고 올봄에 스톡홀름에서 첼로콘서트를 연다. 듀카는 삐뚤빼뚤 악필로 쓴 단문의 엽서로 소식을 전하는데 읽기조차 어려울 때도 있다. 그러나 딸과 함께 즐거운 시간을 보내고 있음을 알 수 있다. 아! 오늘 엽서를 보낸 피아는 신문사 기자인 딸을 시집보냈다. 결혼파티를 베로나와 뉴욕에서 두 번이나 했다며 멋진 사진을 보내왔다.

프랑스 아줌마 카트리나는 아들이 분가하지 않고 함께 사는데 어서 그가 독립해 나가길 원하고 있다. 함께 다닌 프랑스 일행을 집으로 초대해 즐거운 시간을 가졌다고 한다. 오! 아이리시 도널과 조. 도널은 길에서 약속한대로 일본 무사복장의 순례자 사진을 보내주었다. 그는 일주일에 세 번 밴드와 함께 공연을 한다고 한다. 그는 진짜 멋들어지고 맛나게 노래를 부른다. 조의 소식은 도널의 메일에 간간이 들려온다. 펍에서 여전히 술 인

 피아 카트리나 죠 도널

심이 제일 좋다고 한다. 유키 다카오카, 물론 그와도 메일이 자주 오간다. 일본의 사찰탐방을 소개하며 그곳으로 나를 초대한다.

행크와 마이라! 이 부부는 오스트레일리아의 브리스베인에 산다. 지금은 함께 인도를 여행 중인데, 그들이 전해오는 즐거운 여정의 기록은 내 이메일 박스를 환하게 빛낸다.

퀴제이! 그는 브라질 내과의사다. 자주 메일을 보내는 그는 늘 재미있고 아름다운 동영상 파일을 첨부한다. 난 그 파일을 다른 친구들에게 전달해 함께 보며 즐거움을 나누고 있다.

후안! 노던웨이를 살뜰히 가이드 해준 이 독일 친구와도 돈독한 우정을 나누고 있다. 직접 제작한 CD를 두 장이나 보내왔다. 노던웨이와 프랑스 길의 경치다. 난 이 CD를 받아들고 내 배낭을 책상 옆에 갖다 놓았을 정도다. 길을 재촉하는 마음에 말이다.

파울로 코엘료! 산티아고를 다녀온 뒤 원고작업을 하며 나는 산티아고 길에 대한 감상문을 그에게 보냈다. 그는 1986년에 이어 20년 만인 2006년 6월에 산티아고에 다시 다녀왔다. 길에서 방금 돌아온 이의 촉촉히 젖은 정서 때문일까. 그는 내게 금세 답장을 보냈다. 그 뒤로도 파울로 코엘료와 메일을 주고받게 되었다.

내가 카미노 친구들에게 보낸 연하장은 전통한지로 만든 부채였다. 거기

유키

마이라와 행크

후안

커제이

에 인사말을 쓰고 그림을 그려서 스물한 곳으로 보냈었다. 그 부채 연하장을 받고서 내 친구들이 보낸 답멜에서는 그들의 환호가 그대로 묻어났다.

우린 내 제안에 따라 함께 다음 여행을 계획하고 있다. 실크로드를 따라가는 여행이다. 중국에서 모여 아시아 대륙을 횡단하여 터키의 보스포루스 해협을 건너 유럽으로 가는 것이다. 이탈리아의 로마로 말이다. 온전히 걸어가는 것은 아니다. 기차나 버스도 이용할 것이다.

각자의 언어로 발행된 실크로드 관련 책자들을 찾아서 미리 읽어두자고 제안했다. 실크로드에 대해 이미 여러 권의 책을 읽어둔 내가 몇 권을 먼저 추천했다. 독일인 브루노 바우만이 쓴 『실크로드 기행』과 『돌아올 수 없는 사막 타클라마칸』이다. 몇 친구는 벌써 책을 사서 읽고 있다. 그 와중에 독일 TV에 자주 나온다는 브루노 바우만의 근황도 내게 전해진다. 이 계획이 실행되면 현재까지는 10개국(한국, 일본, 독일, 벨기에, 이탈리아, 네덜란드, 아일랜드, 프랑스, 오스트레일리아, 오스트리아)의 친구들이 실크로드 대장정의 길에 오르게 된다.

우리 카미노 친구들은 그전에 실크로드보다 짧은 여행을 함께하기로 했다. 바로 카미노 모사라베. 스페인의 남쪽 세비야에서 북쪽 아스토르가로 이어진 길이다. 프랑스 길, 노던웨이와 더불어 대표적으로 산티아고 가는 길 중 하나인 길이다. 모사라베(이슬람 통치 하의 가톨릭교인)란 말에서 엿보이듯 오랫동안 이슬람 통치를 받은 지역이라 이슬람 문화가 짙게 남아 있는 역사의 현장들을 지나는 곳이다.

생각만 해도 가슴이 벅차다. 그곳의 바람과 햇빛과 공기가 느껴지는 것 같다. 숨겨진 보물처럼 만나는 하우스와인과 맛난 시골음식 그리고 새로운 만남들을 생각하면 말이다.

길은 너무나 많은 것을 선사한다. 길 위에는 만남이 있다. 길 위에는 새로운 발견의 쾌감이 늘 함께한다. 길 위에서 꿈은 싹트고 또 영근다. 물론 고통과 인내가 따르지만, 길은 그 모든 것을 보상해준다. 아니, 그저 보상의 수준이 아니라 넘치도록 나를 채워 감동시킨다. 그렇게 한없이 베푸는 연인이 바로 길이다. 그저 떠날 일이다, 우리를 유혹하는 저 길 위로! 두려움 없이, 주저함도 없이!

길 위에는 만남이 있다. 길 위에서 꿈은 싹트고 또 영근다. 길은 너무나 많은 것을 선사한다.

산티아고 가는 길을 준비하며 읽은 책들

여행은 물론 재미있지만, 여행의 앞뒤가 부실하면 그 재미는 반감된다. 떠나기 전 깜 냥껏 준비하고 돌아와 곰곰 되짚어보는 일은 여행을 길고 오래도록 음미하게 해준다. 내 여행의 주요 테마는 로마→켈트→그리스→페르시아→아시리아→수메르 문명 으로, 역사를 되짚어오르는 여행이다. 그래서 여행지에 얽힌 역사와 인문지리 책들을 수험생 공부하듯 읽고 갈래가 잡혀야 직성이 풀리다 보니, 한창 공부에 흥이 오를 때 면 한 주제에 대략 열 권 이상의 책이 책상 위에 가득 펼쳐지곤 한다.

그러나 산티아고 가는 길은 이런 테마여행 항목에 오르지 않았던 곳이었다. 산티아고 가는 길에 대한 열망이 홀연 내 안에서 불타올랐을 때 역시, 그곳에 대한 책을 찾는 게 급선무였다. 그런데 산티아고 데 콤포스텔라를 제대로 연구한 책은 한국에서 구할 수 없었다. 그래서 뉴욕으로 갔을 때 제일 먼저 달려간 곳이 서점이었다. 중고와 새 책이 넘쳐나는 스트랜드 Strand 서점은 나의 즐거운 놀이터다. 이 책방이라면 내가 원 하는 책이 모두 있을 줄 알았다. 이 책 저 책을 뒤적이다가 자료가치가 꽤 높으면서도 이미 절판된 책도 찾아내곤 했기 때문이다. 그러나 산티아고와 관련된 책은 없었다. 담당직원의 도움으로 책방에 입고된 책을 검색해도 없었다. 뉴욕에서 거리를 걷다가 화장실이 급하거나 피곤해 잠시 쉬고 싶을 때 들어가 이 두 가지를 돈 안 들이고 편 히 해결할 수 있는 곳이 있다. 또 하나의 서점 반즈앤노블 Barnes and Noble 책방이다. 그 런데 거기에도 없었다. 그래서 다음에 소개하는 두 권의 영문 책은 인터넷을 뒤져 찾 아내어, 미대륙 서부에서 비행기를 타고 동부 뉴욕으로 일주일 동안 여행한 끝에 내 품에 다다른 책들이다. 힘들여 찾은 데 따른 즐거움과 보람도 컸지만, 사전 뒤적이며 고시 공부하듯 읽어 내릴 때도 무한한 기쁨을 선사해주었다.

Pilgrim Stories: On and off the road to Santiago,
Nancy Louise Frey

낸시 프레이는 인류학자이자 작가다. 그녀는 현재 스페인의 갈리시아 해안마을에 산다. 그녀는 1980년부터 눈에 띄게 새로워진 순례길에 초점을 맞춰 여러 차례 직접 순례를 하며 인류학적 연구 조사를 펼쳤다. 그 집중적인 현장방문을 통해 마치 사회로부터 유리된 듯한 수많은 순례자의 내면에 숨겨진 강한 희망과 불만, 바람들을 손에 잡힐 듯 입체적으로 그려냈다. 길을 떠나기 위해 준비하는 자세, 마음과 몸이 새로운 리듬을 배워나가는 과정, 새롭게 발견되는 풍경들, 순례자들의 만들어가는 이벤트, 순례를 마치고 돌아가 평소의 삶에 적응하는 모습, 그리고 그런 친구들을 만나러 가는 즐거움 등의 이야기를 진솔하게 묘사한다. 길 위에 펼쳐진 역사와 전설, 현대의 순례자들이 만들어가는 새로운 얘기들은 인류학과 역사학의 행복한 만남을 맛보게 해준다. 300페이지가 넘는 분량, 텍스트로 가득 찬 편집은—게다가 영어 아닌가!—가히 살인적이었으나, 발견의 기쁨은 그런 수고를 감내하고도 남음이 있다.

The Pilgrimage Road to Santiago: The complete cultural handbook, David M. Gitlitz & Linda Kay Davidson

책 제목의 '핸드북'만 보고 배낭에 넣어도 되겠거니 했다간 큰 코 다침. 하긴, 'complete'에 주목해 보면 '완전 해설서'가 되는 셈이니, 440페이지의 큰 책이란 게 당연도 하다. 이 두꺼운 영어 책도 그야말로 필독서다. 지리학적으로도 잘 정리가 된 이 책은 산티아고의 지형과 흥미로운 곳, 역사 및 예술 유적들을 꼼꼼히 소개하고, 작은 마을들이 어떻게 순례여행과 역사적으로 연관되는지, 그곳에 깃든 민속신앙과 전설들은 무엇인지, 나아가 동물과 식물 생태계까지를 친절하게 일러준다. 이 책의 공동저자인 데이빗과 린다는 1974년 산티아고 순례길에서 만나 백년가약을 맺은 후에도 30년이 넘도록 산티아고 순례를 거듭하며 학문적 연구를 병행해온, 깊고 깊은 내공의 소유자들이다. 이들은 로드아일랜드 대학의 스페인학과 교수들로서, 순례에 관한 연구뿐만 아니라 스페인에서의 유대인 핍박의 역사에 대한 방대한 조사로 책을 펴내 상을 받기도 한 전문가다.

『스페인 역사 100장면』, 이강혁 지음

이 책은 선사 시대의 기원으로부터 기나긴 이슬람의 지배를 거친 뒤 합스부르크 왕조가 들어서고 부르봉 왕조가 건설되는 등, 지금의 스페인의 모습을 갖추게 되기까지 이베리아 반도에 깃들었던 장구한 역사과정을 지루하지 않고 일목요연하게 설명해준다.

『이슬람 문명』, 정수일 지음

스페인은 800년이나 이슬람인들의 통치 아래 있었다. 45년의 일제 식민지배가 우리 사회와 문화에 남긴 흔적을 감안해 보면, 이슬람이 스페인 문화 속으로 얼마나 속속들이 배어들었을지 가히 짐작된다. 그래서 더욱 이슬람을 배제하고선 스페인을 이해할 수가 없다. 그래서 이슬람에 대해 제대로 알고 싶었다. 9·11테러 후 이슬람 관련서적이 봇물처럼 쏟아져 나왔을 때 나는 주저없이 정수일 씨의 책을 선택했다. 고정간첩사건으로 옥살이를 했지만 이슬람과 관련한 그의 학문적인 깊이는 한국에서 최고라고 생각했기 때문이다.

이 책은 이슬람 문명이라는 큰 이름 아래 이슬람 신앙체계 뿐만 아니라 정치, 경제, 생활문화, 학문, 예술, 사회운동 등을 주제별로 다루었다.

『쟌 모리스의 50년간의 유럽여행』, 쟌 모리스 지음

유럽을 다룬 수많은 여행 책이 있지만, 이 책은 누구에게나 서슴없이 권하며 선물하는 책 중에 하나다. 이 한 권의 책을 읽고 나는 쟌 모리스에게 푹 빠졌다. 이 책은 유럽 대륙 곳곳의 역사와 문화, 갈등과 화해의 흔적을 가지런히 정리하고 있다. 유럽에서 저자가 보낸 50년 인생을 돌아보며, 종교, 정치, 국가, 교통, 역사 등 지극히 방대한 분야를 아우르며 '유럽을 하나로 묶는 힘'이 무엇이었고 앞으로 무엇이 되어야 하는가에 대한 진지한 성찰을 내놓는다. 페이지마다 쟌 모리스가 '우리 시대 최고의 묘사력을 지닌 작가'로 평가받는 이유들로 가득하다. 이 책을 읽는 동안 그녀는 나를 유럽의 구석구석으로 인도하며, 때론 재치 넘치는 시골 할머니처럼 때론 날카로운 칼럼니스트가 말하듯이 유럽을 소개해주었다. 박유안의 번역 또한 곰삭은 젓갈처럼 깊은 맛이 나고, 재미있고 막힘없이 읽을 수 있도록 도와준다. 이 책이 번역되었다는 것이 난 행복했을 정도다.

『걷기의 역사』, 레베카 솔닛 지음

걷기를 다룬 역사책이 혹시 있을까? 이런 의문을 품고 인터넷을 두드렸더니 금세 이 책이 눈에 띄었다. 어린 시절 난 러시아, 독일, 영국 문학전집에 빠져 지냈다. 그 책 속에서 작가들은 등장인물들을 항상 산책시켰다. 때론 먼 길을 오로지 걸어 여행하기도 했다. 그들에게 걷기는 사색이며 명상이며 반항이기도 했다. 책을 읽고 나면 난 항상 먼 길을 걷는 꿈을 꾸곤 했다. 산등성이를 넘어가는 뽀얀 길을 따라서 말이다. 『걷기의 역사』에서도 작가들의 도보여행을 통해 수많은 작품이 나왔음을 말해준다. 문화적 행위로서의 걷기와 산책문학, 낭만주의와 걷기 등의 항목 아래, 마음은 한 시간에 5km을 걷지만 감성은 1,600km를 간다고 말을 건다. 여성은 성지순례와 산책모임, 시위행진, 혁명 등의 공공영역에서 동반자와 함께 걸을 수 있었을 뿐, 혼자서 걷는다는 것은 엄청난 정신적·문화적·정치적 반항을 불러일으켰다고!

『걸어서 2천리 나의 산티아고』, 조소피아 지음

23년 전 한국에서 브라질로 이민 간 중년 여인 조소피아의 산티아고 체험기. 그녀는 자기 동네에 스페인문화원이 있다는 사실도 깨달을 틈 없이 바쁘게 살았다. 중년이 되어 아무 것에도 흥미 없고 애착은 마냥 줄어들고 막막하게 흐릿해져만 가는 일상을 보내던 그녀는 오랫동안 스크랩해 간직해 두며 언젠가는 꼭 가보리라 맘먹었던 곳을 떠올렸다. 바로 산티아고 가는 길이다.

스페인은 물론 문화에 대해서도 관심 없이 살았던 그녀는 산티아고 순례자 브라질 협회를 찾아가 산티아고 가는 길에 대해 좀더 알게 되었다. 알 산티아고 순례를 마친 이들의 간증모임에 다녀온 뒤 결심을 굳히고 협회에 등록했다. 그곳에서 순례를 떠나기 위해 준비하는 이들과 만나 함께 준비한 뒤 산티아고 가는 길에 들어섰다. 그녀는 길을 걸으며 일기 쓰듯이 글을 썼다. 오늘은 얼만큼 걸었고 무얼 먹었으며 누굴 만났는지에 대해서.

그녀가 여행에서 돌아온 후 서울의 동문들이 이 사실을 알게 되었고 그녀의 이 여행기록을 책으로 내어 선물해주었다. 바로 그 책이 동문인 자순 언니의 손을 거쳐서 내게 온 것이다. 내게 파울로 코엘료의 『순례자』는 호기심만 주었던 것 같고, 베르나르 올리비에의 세 권짜리 『나는 걷는다』에서는 실크로드로 출발하기 전에 파리에서 산티아고까지 2,325km를 걸었다며 이 길을 소개했다. 그러나 쉽게 길을 떠날 엄두를 내지 못했다. 평범한 조소피아의 책은 탄탄한 필력으로 유명한 이 두 사람의 글보다 더 큰 울림으로 나를 감동시켰다. 그리고 바로 나를 '드래그'시켜 스페인 북부 산골짜기의 길고도 긴 길 위로 훌쩍 옮겨놓았다.

알베르게 또는 레푸지오라고 부르는 순례자 숙소는 지방자치단체에서 운영하는 곳과
성당·수도원에서 운영하는 곳으로 나뉜다. 순례자가 늘면서 사설 알베르게도 많이 생겼다.

산티아고 가는 길 A to Z

순례자 증명서 credential 만들기

출발하는 곳의 순례자협회 사무실에서 신청서를 내고 증명서를 만든다. 신청서에서는 국적과 이름, 나이, 직업 그리고 길을 걷는 목적을 묻는다. 목적 가운데는 종교적인 이유, 영적인 이유, 문화적인 이유, 스포츠, 기타 등이 있는데, 어떤 기록에 의하면 스포츠와 기타 등의 이유일 때 증명서 발급을 거부한 경우도 있다고 하니, 앞의 셋이 정답인 셈인가? 참고로 난 두 번째인 영적인 이유로 답했다. 산티아고까지 걸어서 가는지 혹은 자전거나 말을 타고 가는지도 묻는다.

신청서를 적어 제출하면 드디어 순례자 증명서를 발급받는데, 그때 그곳의 스탬프부터 받아 둔다. 순례자 증명서는 산티아고 가는 길을 걷는 동안 신분증 역할을 톡톡히 하게 된다. 순례자 전용 숙소에서 이 증명서를 제출해야 숙소를 배정받을 수 있다. 지나는 곳곳에서 받은 스탬프는 산티아고 가는 길을 걸었다는 증거가 되기도 한다. 스탬프는 알베르게에서도 받을 수 있고 지나는 곳의 레스토랑이나 바에서도 받을 수 있다.

어떤 이는 레스토랑에서만 스탬프를 받는다. 이른바 '레스토랑 순례자'들이다. 이렇게 스탬프 가득한 순례자 증명서를 최종 목적지 산티아고 데 콤포스텔라 순례자협회에 제출하면 그곳에서 증명서를 살펴본 뒤 산티아고 가는 길을 걸었다는 증명서를 발행해준다. 이 증명서는 전체구간 800km 중에서 100km만 걸었어도 발행해준다. 또 이 100km는 연속적이지 않아도 된다. 그러니까 가다가 힘이 들면 버스를 이용해가며 이동한 뒤 그곳에서 쉬고 다시 걸어도 된다는 것이다. 총 100km면 된다는 것이다.

순례자는 몇 가지로 분류된다. 풀타임 순례자 full-time pilgrim 는 시작부터 끝까지 한 번에 순례를 마치는 것을 말한다. 파트타임 순례자 part-time pilgrim 는 휴가를 이용해, 예컨대 올

해는 생장에서 팜플로나까지 내년에는 팜플로나에서 레온까지 이렇게 자신의 여건에 맞게 구간을 나누어 순례를 하는 것을 말한다. 또 주말 순례자^{weekend pilgrim}가 있는데, 대부분 단체 순례자들로 버스나 차로 출발지역까지 가서 2~3일 걷는 경우다.

얼마 동안, 어느 정도씩 걷는가?

정답은 순례자가 원하는 기간 만큼이다. 보통 유럽에서 온 순례자들은 5주간의 휴가 기간을 이용한다. 은퇴자인 경우는 시간을 더 넉넉하게 잡아 느긋이 가는 경우도 있다. 전 구간을 다 걸을 수 없는 이들은 일정한 구간을 버스로 이동하면 기간을 단축할 수 있다. 특별히 재미없다고 느끼는 메세타 지역이거나 힘들게 넘어야 하는 높은 산을 만나면 버스로 다음 지역으로 갈 수도 있는 것이다. 대부분의 순례자는 35~40일 정도의 일정으로 전 구간을 걸어서 간다.

보통 하루 25km를 걷는데, 힘이 들면 10km를 가기도 하고 때론 어쩔 수 없이 30km를 걸어야 하는 경우도 생긴다. 걷다가 힘이 들어 머물고 싶은 곳에 알베르게가 있다면 그날의 걷기를 멈출 수 있으니까 너무 무리하는 건 피해야 한다. 알베르게가 몇 km 앞에 있는지 미리 파악하고 있다면 염려하지 않아도 된다.

걷기는 아침 일찍 시작하는 것이 좋다. 꼭두새벽인 4시에 출발하는 이들도 있을 지경이다. 보통 하루에 7시간 정도, 한 시간에 평균 4~5km 정도를 걷는 게 적당하다. 걷는 속도는 오직 자신의 리듬으로 걸어야 한다. 보폭이 큰 친구들이랑 얘기하며 걷다 보면 서로 걷는 리듬이 안 맞아 힘이 들기 마련이다.

계속 걷는 당신은 자주 배가 고플 수밖에 없다. 그런 순례자들을 위해 곳곳에 바가 문을 열고 있다. 한적한 길에서 다양한 바를 만나 토속적 스페인 요리를 맛보는 즐거움도 크다. 여자들은 여기서 화장실을 이용해야 길 위에서 만나는 낭패를 피할 수 있다. 순례자의 배낭에는 약간의 먹거리와 물이 항시 준비되어 있어야 한다.

순례자 숙소 알베르게Albergue, 레푸지오Refugio 이용하기

알베르게 또는 레푸지오라고 부르는 순례자 숙소는 지방자치단체에서 운영하는 곳과 성당, 수도원에서 운영하는 곳으로 나뉜다. 순례자 숫자가 늘면서 곳곳에 사설 알베르게도 많이 생겼다. 숙박비용은 평균 5~8유로 정도다. 오로지 기부금으로만 운영을 하는 곳도 있다. 이런 경우 잊지 말고 적어도 3유로 이상을 기부함에 넣으시기를~!

알베르게는 대부분 1~2시에 문을 연다. 그전에 도착한 경우 순서대로 가방을 놓고 기다리면 된다. 문이 열리면 증명서에 스탬프를 받고 숙박비용을 지불한 뒤 침대를 배정받는다. 알베르게는 2층 침대가 놓여 있는 공동숙소다. 많게는 100명, 보통 몇십 명이 한 방에서 묵는데, 침대 배정은 남녀를 가리지 않는다. 때론 자원봉사자가 침대를 지정해주지 않고 순례자가 방으로 들어가 마음에 드는 곳에다 짐을 풀기도 한다. 문에서 가까운 침대는 들락거리는 소리에 편히 잠을 이루기 곤란하므로 되도록 피해야 한다.

침대에 짐을 풀면 먼저 샤워와 세탁을 한 뒤 쉬는 게 좋다. 세탁물이 말라야 다음 날 들고 떠날 테니까. 스페인의 한낮의 열기와 바람 덕분에 빨래는 금방 마르는 편이다. 알베르게의 시설은 조금씩 다르지만 기본적으로 샤워실과 취사가 가능한 부엌이 있다. 시설이 좋은 곳은 수영장, 세탁기, 인터넷까지 갖춘 곳도 있다. 알베르게에 따라서는 밤 10시에 문을 닫는 곳이 있으므로, 마을이나 도시 구경을 나갈 경우 귀가 시간을 확인해야 한다. 아침에는 8~9시 전에 체크아웃을 해야만 한다.

순례비용은 얼마나?

제일 많이 드는 건 단연 항공권! 유럽 왕복항공권으로 대략 100만 원이 들고, 기타 교통비도 만만찮다. 이를테면 파리에서 내렸다면 생장으로 가는 기차비와 버스비가 들고, 돌아올 때 파리로, 혹은 마드리드나 바르셀로나로 가는 교통비가 드는데, 이런 교통비가 도합 30만 원 안팎이다.

매일 드는 비용은 숙박비와 밥값인데, 세 끼 다 사먹을 때와 세 끼 다 알베르게에서 만들어 먹을 때 다소 차이가 있겠으나 평균 20유로면 넉넉하다. 전체 일정을 40일로 할 경우 40×20 = 800유로로, 즉 100만 원쯤이다.

그래서 기본적인 경비는 항공권+기타 교통비+40일 숙박비+식비+기타=약 260만 원이다. 물론 가까운 포르투갈을 가거나 혼자 쉬고 싶어 호텔을 이용한다거나 특별한 레스토랑을 가본다거나 하면 별도 비용이 들 테!

정말 '꼭' 필요한 것만 가지고 떠날 것

불필요한 짐은 순례길 내내 두고두고 후회를 낳는다. 절대 과욕을 부리지 말지어다. 최소한의 짐싸기, 순례의 성공은 거기에서 결정된다!

배낭 몸에 잘 맞고 가볍고 무게 분산이 잘되는 것으로 30~45리터 정도를 준비한다. 비 올 때를 대비한 배낭 방수용 커버는 필수품.

침낭 알베르게는 침대와 베개를 제공할 뿐이다. 순례자가 개인용 침낭을 들고 다녀야 하므로, 가급적 가벼운 것으로 준비한다.

옷 입고 가는 옷가지 외에 한 벌 더 준비하는 정도면 된다. 매일 알베르게에 도착하면 세탁하고 잘 말릴 수 있으니까 더 많은 옷은 괜히 짐만 된다. 내 경우도 반소매와 기능성 긴 셔츠, 지퍼를 열어 떼어내면 반바지가 되는 바지를 입고서 한 벌 더 챙겼을 뿐이다. 바지는 추울 땐 긴 바지로 입다가, 걷다 더우면 분리시켜 반바지로 입는다. 얇고 가

버운 방풍 방수용 윗도리 하나는 있어야 하고, 여성이면 숙소에서 편하게 입을 가벼운 폴리 소재 원피스 하나 있으면 아주 편하다. 속옷과 양말도 세 벌 정도면 충분하다. 필요하면 산다는 마음으로 가야 한다.

신발 경등산화와 스포츠 샌들. 등산화는 미리 사서 자신에게 익숙해진 신발이면 좋겠다. 알베르게에 도착하면 등산화를 벗어서 바람이 잘 통하는 곳에 놓고 주로 스포츠 샌들을 신어 발과 등산화 모두 쉬게 해야 한다.

기타 치약, 칫솔, 수건, 비누, 선크림, 모자, 바늘과 실(물집이 생겼을 때 긴요하게 쓸 수 있다), 상비약, 가벼운 손전등, 큰 옷핀 10개 정도(빨래집게 대용으로 큰 옷핀이 아주 좋다)는 필수품 중의 필수품. 거기다 원한다면 귀마개, 안대, 작은 수첩과 필기구, 판초우의(방수용 점퍼와 배낭 커버로 대신해도 좋다), 지팡이(현지에서 구입할 수 있다. 지팡이를 사용하지 않는 이들도 많다), 그리고 순례자의 상징인 조개 껍데기를 미리 준비할 수도 있다. 일본인 친구 유키와 독일 친구 요르겐, 네덜란드 친구 헤니와 얀은 집에서 조개를 먹은 뒤 손질해 두었다 갖고 왔다. 현지에서 기념품으로 사서 매달고 다녀도 된다. 물론 조개 껍데기를 달고 다니지 않는다고 손가락질당하지는 않으니, 염려 마시라!

짐부터 먼저 보내기

아무리 짐을 줄였다 해도 걷다 보면 그마저도 벅차다. 이럴 때 짐을 어느 정도 떼어내 미리 최종 목적지인 산티아고 우체국으로 보내둘 수 있다. 2주간 무료로 보관해준다. 산티아고의 우체국은 대성당 가까이 있다. 카미노 위에 있는 작은 마을들의 우체국은 오전에 잠깐 문을 열었다 닫아버리기도 한다. 대개는 오전 9시부터 오후 2시, 그리고 시에스타를 즐기고 오후 5~8시까지 문을 연다.

우체국에 짐을 들고 들어서면 직원들이 알아서 산티아고로 가는 박스를 꺼내주며 기록하는 것을 도와줄 정도니 걱정할 것 없다. 이용요금은 무게에 따라 다른데, 비싼 편이다. 주소에 이름을 쓸 때는 반드시 성을 뒤에 대문자로 쓴 뒤 밑줄을 긋는다. 밑줄 친 성의 알파벳에 따라 물건을 보관하기 때문이다.

Ms. Hyo Sun KIM (이 부분만 잘 쓰면 된다.)

Lista de Correos Santiago de Compostella

Galicia / Spain (이 산티아고 우체국의 주소는 우체국에서 대신 써준다.)

서울에서 산티아고로, 다시 서울로

서울에서 출발지 생 장 피드 포르로 가는 방법은 여러 경로가 있다. 마드리드에 도착해서 버스를 타고 가는 방법도 있지만, 파리를 경유해서 가기도 한다. 파리의 샤를드골 공항에서 게이트 2C EXIT 2로 나가면 몽파르나스Montparnasse 역으로 가는 버스를 탈 수 있다. BUS NO 4, 요금은 12유로, 승차한 후 내면 된다. 버스는 공항을 떠나 리옹 역을 거쳐 몽파르나스까지 1시간 30분 정도 걸린다. 파리 몽파르나스 역에서 바욘까지는 기차로 간다. 항공권을 끊을 때 바욘으로 가는 기차표도 서울에서 구입해 가면 좋다.

바욘에서 다시 생 장 피드 포르까지 기차로 가는데, 만일 바욘에서 생장으로 가는 기차를 당일에 탈 수 없다면 바욘 역 근처의 호스텔에서 묵을 수 있다. 숙박비는 1인실은 25~30유로 정도이며 사설 알베르게를 이용할 경우 10유로 정도다. 생장에 가는 기차를 타면 많은 순례자를 만나게 된다. 생장에 도착하면 이들과 어울려 순례자 사무실을 향해 가면 된다.

산티아고 순례길을 마친 뒤 서울로 돌아올 때 마드리드나 바르셀로나를 통해 나오게 될 경우 버스를 타고 이동하는 것이 저렴하다. 산티아고에서는 유럽의 여러 나라로 출발하는 버스가 있으며 스페인의 여러 도시로 가는 버스도 쉽게 탈 수 있다. 스페인의 다른 도시와 포르투갈을 여행하고자 한다면 일정을 넉넉히 잡고 출발하면 된다. 스페인은 물론 포르투갈의 순례길에서도 어느 곳에 가든지 순례자 숙소가 있는지를 알아본 뒤 그곳을 이용하면 숙박비를 아낄 수 있다. 이런 경우를 대비해서라도 순례자 증명서를 잘 챙겨야 한다.

서울에서 마드리드를 거쳐 산티아고로 가는 방법

마드리드까지 가는 직항도 있지만 아시다시피 많이 비싸다. 한 곳 정도 경유하는 유럽 항공사를 이용하면 좋겠다. 여러 곳을 경유하는 너무 싼 비행기는 여행자를 피곤하게 만들기도 하고 시간의 여유가 없는 여행자의 경우 금쪽같은 시간을 허비하게 된다. 또한 현지 도착시간이 너무 늦지 않도록 하여 안전문제에도 신경을 쓰도록 한다.

마드리드는 터미널이 많다. 생장으로 가려면 북부시외버스터미널 '아베니다 데 아메리카'Avenida de América로 간다. 아베니다 데 아메리카로 찾아가려면 'M 4, 6, 7, 9 Avda de América'에 하차하면 된다.

아베니다 데 아메리카 버스터미널에서 팜플로나까지 5시간 30분 정도 소요되며 1일 8~12편, 요금은 31유로 정도다. 중간에 '소리아'SORIA란 곳에서 차를 바꿔 타는데 바로 옆에서 바꿔 타기 때문에 염려하지 않아도 된다. 참고로 자전거는 10유로로 따로 지불한다. 티켓은 현지에서도 살 수 있지만 미리 서울에서 인터넷에서 ALSA를 통해 예매를 할 수도 있고 민박을 이용한다면 민박집에서 대행도 해준다.

산티아고로 가는 길은 팜플로나에서 시작하는 이들도 많다. 만일 이곳에서 출발한다면 바로 알베르게를 찾아가면 된다. 버스터미널에서 내려 걸어가도 되는 거리다. 여러 곳에 알베르게가 있다. 추천하는 알베르게는 '지저스 이 마리아'JESUS Y MARIA다. 7유로. 이곳에서 순례자 증명서를 받으면 된다.

프랑스 생장까지 가서 산티아고로 가고 싶다면 2013년 3월부터 생장으로 가는 버스가 생겼다고 하니 버스를 타면 된다. 편도 20유로. 그러나 버스가 자주 있는 게 아니다. 우선 버스 시간표를 알아본 뒤에 여의치 않다면 택시를 타도 좋다. 전용차량 기준으로 팜플로나에서 생장까지는 1시간 30분 정도 걸린다. 택시는 미터 요금제로 간다. 생장으로 가려는 순례자를 이곳에선 흔히 본다. 의기투합하여 3~4명이 함께 타면 경비는 절약된다. 몇 명이 함께 탄다면 버스비보다 싸게 간다. 택시비가 60유로 정도였다. 나는 세 명이 타고 갔다. 택시 타기 전에 배낭 메고 두리번거리는 순례자를 찾아보시길….

• 참고로 유익하게 이용할 수 있는 웹 사이트

  www.mundicamino.com/ingles/

• 카미노는 최소한도의 짐을 꾸려야 한다. 요즘은 거의 모두 훌륭한 휴대폰을 가지고 카미노를 떠난다. 늘 갖고 다니는 휴대폰을 최대한 이용한다면 짐을 줄일 수 있다.

  www.mundicamino.com/ingles/

- ROUTES 〉 French way 〉 All the stages step by step
- step by step에서 넘버 1∼33까지 클릭해본다.
- 예를 들어 숫자 1을 클릭해보자. Description 아래 Line/outline을 클릭한다. 지도가 나올 것이다. 이 두 지도를 저장한다. 이어서 Town/Refuge 등의 자료를 다운받아 휴대폰에 저장해 둔다면 오프라인상에서도 매일 걷게 될 거리와 머물 숙소에 대한 안내를 볼 수 있으니 따로 지도와 책을 지참하지 않아도 될 것이다.
- 또한 카미노의 기록을 원한다면 음성녹음을 이용해 자신의 생각과 느낌을 저장해 놓는다면 집으로 돌아와 유용하게 사용할 것이다.
- 휴대폰 배터리 충전은 염려하지 않아도 된다. 도착한 숙소에서 가능하다.

영어와 스페인어를 못해서 걱정이다?

물론 언어를 자유롭게 구사한다면 좋겠지만, 못한다 해도 걱정 없이 다닐 수 있다. 많은 사람이 의사소통을 할 수 없어도 잘 다니는 것을 볼 수 있다. 75세의 일본 할아버지를 만났다. 그는 영어로 된 산티아고 가는 길의 구간 지도를 복사해 목에 걸고 길을 걷고 있었다. 영어로 의사소통은 전혀 할 수 없었다. 그는 스페인어 회화집을 들고 다녔는데 식당에서나 필요할 것 같았다. 일본에서 온 순례자 대부분이 영어를 못한다. 영어 한 마디 못하는 중국 승려도 산티아고 가는 길을 걸었다.

대다수의 프랑스 순례자 역시 영어를 못한다. 물론 그들은 길에서 만난 프랑스인끼리 의사소통을 하겠지만 말이다. 만일 길을 잃었다고 해도 염려할 것이 없다. 곧 다른 순례자를(아니면 산티아고를 가리키는 노란색 화살표를) 만날 것이고 만일 현지인을 만난다 해도 그저 "산티아고"라고만 해도 친절하게 길을 안내해줄 것이다. 대표적인 길 카미노 프랑세스에서는 길을 잃어버릴 일이 거의 없다.

김효선의 길 누소와 시설

김효선의 일정	지명	구간거리	누적거리	숙소	구비시설	교통편	고도
Day 01	Saint Jean Pied De Port	000	000	a b c d	1 2 3 4 5 6 7	b t	180
Day 02	Hunto	7	7	a			490
	Roncesvalles	21	28	a b	1 3 4 5		952
	Burguete	3	31	b c d	1 2 3 4 5 6 7	b	898
	Espinal	3	34	c	1 2 3 4	b	880
Day 03	Viscarret	6	40	c	1 2 3 4	b	780
	Linzoain	2	42		4	b	740
	Zubiri	8	50	a c	1 2 3 4 5 7	b	530
	Larrasoaña	5	55	a	1 2 3		500
Day 04	Trinidad de arre	11	66	a b c	1 2 3 4 5 6 7	b	
	Pamplona	4	70	a b c d	1 2 3 4 5 6 7	b t	490
Day 05	Cizur Minor	5	75	a	1 2 3 4 5 6 7	b t	480
	Uterga	12	84	a	3 4		495
Day 06	Muruzábal	3	87		1 3 4 7		445
	Obanos	2	89	a	1 2 3 4 5 7		415
	Puente La Reina	3	92	a b c	1 2 3 4 5 6 7	b	346

a 알베르게 b 호텔 c 호스텔 d 캠핑 1 레스토랑 2 상점 3 바 4 수돗물 5 은행 6 의사 7 약국 b 버스 t 기차

김효선의 일정	지명	구간거리	누적거리	숙소	구비시설	교통편	고도
Day 06	Mañeru	5	97	a b c	2 3		
	Cirauqui	3	100	a	2 3 4	b	498
Day 07	Lorca	7	107		2 3 4		483
	Villatuerta	5	112	a	2 3 7		459
	Estella	4	116	a b c d	1 2 3 4 5 6 7	b	400
	Irache	2	118	a b	3 4 5	b	496
	Azqueta	5	123		3 4		582
Day 08	Villamayor De Monjardín	1	124	a	3		
	Urbiola	1	125		3 4		590
	Los Arcos	12	137	a b c	1 2 3 4 5 6 7	b	447
Day 09	Torres Del Río	8	145	a	1 2 3 4 5	b	477
	Viana	10	155	a b c	1 2 3 4 5 6 7	b	469
Day 10	Logroño	10	165	a b c d	1 2 3 4 5 6 7	b t	385
	Navarrete	13	178	a b c	1 2 3 4 5 6 7	b	555
	Ventosa			a	2 3 4		
Day 11	Nájera	14	192	a b c d	1 2 3 4 5 6 7	b	485
	Azofra	7	199	a	1 2 3 4	b	559
		17	216	a b c d	1 2 3 4 5 6 7	b	638

Day	Place						
Day 13	Grañón	7	223	a	2 3 7		724
	Redecilla Del Camino	4	227	a	1 2 3 4	b	700
	Castildelgado	2	229	b	1 2 3 4	b	770
	Viloria De Rioja	2	231	a			800
	Villamayor Del Rio	4	235	a	1 2 3 4	b	792
	Belorado	4	239	a b c d	1 2 3 4 5 6 7	b	770
Day 14	Tosantos	5	244	a	3 4	b	818
	Villambistia	2	246		3 4	b	868
	Espinosa Del Camino	3	249		3 4		891
	Villafranca Montes De Oca	3	252	a c	1 2 3 4 7	b	948
	San Juan De Ortega	13	265	a	3 4		1040
	Ages	4	269	a	2 3 4		
Day 15	Atapuerca	3	272	a	1 3 4	a	966
	Olmos De Atapuerca	2	274	a	1 3		
	Cardanuela	3	277		3 4		
	Orbaneja	2	279		3 4		
	Villafria	4	283	b c	1 2 3 5 7	b	887
	Burgos	7	290	a b c d	1 2 3 4 5 6 7	b t	860

a 알베르게　b 호텔　c 호스텔　d 캠핑　1 레스토랑　2 상점　3 바　4 수돗물　5 은행　6 의사　7 약국　b 버스　t 기차

김요선의 일정	지명	구간거리	누적거리	숙소	구비시설	교통편	고도
	Villalbilla de Burgos	7	297	a c	1 2 3 4 7		
Day 16	Tardajos	4	301	a c	1 2 3 4 5 7	b	843
	Rabé De La Calzada	3	304	a	4		828
	Hornillos Del Camino	8	312	a	1 3 4		825
	Arroyo San bol	3	315	a	3 4		
Day 17	Hontanas	6	321	a	3 4		870
	Castrojeriz	8	329	a b c d	1 2 3 4 5 6 7		808
	Ermita De San Nicolas	10	339	a			770
Day 18	Itero De La Vega	2	341	a	2 3 4		
	Boadilla Del Camino	8	349	a	2 3 4		
	Frómista	6	356	a b c d	1 2 3 4 5 6 7	t	787
	Población De Campos	4	360	a	2 3 4		792
Day 19	Revenga De Campos				2 3		
	Villamentero De Campos	4	364		3		
	Villalcázar De Sirga	5	369	a c	1 2 3 4		809
	Carrión De Los Condes	5	374	a b c d	1 2 3 4 5 6 7	b	840
Day 20	Calzadilla De La Cueza	17	391	a b	1 3 4		858
	Ledigos	7	398	a	2 4		863

Day							
Day 20	Terradillos De Templarios	3	401	a c	2 3 4		885
	San Nicolas Del Real Camino	5	406	a	1 3 4		840
Day 21	Sahagún	6	412	a b c d	1 2 3 4 5 6 7	b t	858
	Calzada Del Coto	5	417		2 3		822
	Calzadilla De Los Her. Los	8		a	2 3		835
	Bercianos Del Real Camino	5	422	a c	1 2 3		
Day 22	El Burgo Ranero	8	430	a c	1 2 3 4 6 7		878
	Religos	13	443	a	2 3 4		836
	Mansilla De Las Mulas	6	449	a b c d	1 2 3 4 5 6 7	b	799
Day 23	León	21	470	a b c	1 2 3 4 5 6 7	b t	833
	Trobajo Del Camino	4	474	c	1 2 3	b	
	Virgen Del Camino	5	479	c	1 2 3 4	b	906
Day 24	Valverde De La Virgen	4	483		1 3		891
	San Miguel Del Camino	2	485		1 2 3		
	Villadangos Del Páramo	7	492		1 2 3		
	San Martin Del Camino	5	497	a	1 2 3		
Day 25	Hospital De Órbigo	8	505	a b c d	1 2 3 4 7		819
	Santibáñez			a	2		

a 알베르게 b 호텔 c 호스텔 d 캠핑 1 레스토랑 2 성당 3 바 4 수퍼물 5 은행 6 의사 7 약국 b 버스 t 기차

김효선의 일정	지명	구간거리	누적거리	숙소	구비시설	교통편	고도
Day 25	Astorga	18	523	a b c	1 2 3 4 5 6 7	b	878
	Murias De Rechivaldo	5	528	a	1 3		882
	Santa Catalina De Somoza	5	533	a	3		997
Day 26	El Ganso	4	537	a	3 4		1013
	Rabanal Del Camino	7	544	a c	1 2 3 4		1149
	Foncebadón	5	549	a b	1 3		1458
	Manjarín	4	553	a			1145
Day 27	El Acebo	8	561	a c	1 3 4		920
	Riego De Ambrós	4	565	a	3 4		595
	Molinaseca	5	570	a b c	1 2 3 4 7		
	Ponferrada	7	577	a b c	1 2 3 4 5 6 7	b t	525
	Columbrianos	4	581		2 3		
	Fuentes Nuevas	2	583	a	2 3 4 7		
Day 28	Camponaraya	2	585	a	2 3 4 7		490
	Cacabelos	7	592	a b c	1 2 3 4 5 6 7		486
	Pieros	3	595		1 3		528
	Villafranca Del Bierzo	5	600	a b c	1 2 3 4 5 6 7		511

Day						
	Pereje	5	605	a		542
	Trabadelo	4	609	a b		578
Day 29	Portela	5	614	a c	1 3	
	Vega De Valcarce	2	616	a c	1 2 3 4 5 6 7	630
	Ruitelan	3	619	a	2 3 4	
	La Faba	4	624	a	3 4	917
	La laguna	3	627	a		1100
	O Cebreiro	2	629	a c	1 2 3	1298
	Linares	4	633	c	3	1290
	Hospital De La Condesa	2	635	a		1262
Day 30	Alto De Poio	4	639	a b	1 2 3	1337
	Fonfria	3	642	c	2 3	1290
	Biduedo	3	645	c	3	1285
	Filloval	4	649	c	3	945
	Triacastela	3	652	a c	1 2 3 4 5 6 7	665
	Balsa	1	653		4	
Day 31	San Xil	2	655		4	901
	Furela	7	662		3	680

a 알베르게 b 호텔 c 호스텔 d 캠핑 1 레스토랑 2 상점 3 바 4 수푸룸 5 은행 6 의사 7 약국 b 버스 t 기차

김효선의 일정	지명	구간거리	누적거리	숙소	구비시설	교통편	고도
Day 31	Calvor	3	665	a			
	Samos	9		a	1 2 3 7		
	Sarria	4	669	a b c	1 2 3 4 5 6 7	b t	420
Day 32	Barbadelo	6	675	a	1 4		580
	Mercado	3	678		3		
	Ferreiros	7	685	a	1 3 4		663
	Portomarín	9	694	a b c d	1 2 3 4 5 6 7	b	550
Day 33	Gonzar	8	702	a			551
	Hospital De La Cruz	2	704	a	1 3		
	Ventas De Narón	3	707		3		704
	Ligonde_Eirexe	5	712	a	3		
	Palas De Rei	8	720	a c d	1 2 3 4 5 6 7	b	565
Day 34	San xulián	3	723	a	3		470
	Casanova	2	725	a			512
	Coto	2	727	b	3		
	Leboreiro	2	729	a	2 3 4		453
	Furelos	5	734		2		424
				a b a	1 2 3 4 5 6 7	b	454

Day	지명	구간거리	누적거리	숙소	구비시설	교통편	고도
	Boente	6	741		2 3		403
	Portela	2	743	a	1 2		350
Day 34	Ribadiso De Baixo	4	747	a	1 3		
	Arzúa	3	750	a b c d	1 2 3 4 5 6 7	b	389
	Salceda	6	756		3		
	Empalme	9	765		1 2 3		
Day 35	Santa Irene	3	768	a	1 3		
	Arca O Pino	3	771	a b	1 2 3 4 6 7		300
	Lavacolla	10	781	b	1 2 3 4	b	336
Day 36	Monte Del Gozo	6	787	a b c	1 2 3 4 5	b	390
	Santiago De Compostela	5	792	a b c d	1 2 3 4 5 6 7	b t	260

피니스테레 숙소와 시설

김묘선의 일정	지명	구간거리	누적거리	숙소	구비시설	교통편	고도
Day 1	Santiago De Compostela	0	00	a b c d	1 2 3 4 5 6 7	b t	
	Negreira	22	22	a	2 3 5	b	
Day 2	Olveiroa	37	59	a	2 3 5	b	
	Corcubión	17	76	a	2 3 5	b	
Day 3	Fisterra	10	86	a	2 3 5	b	

a 알베르게 b 호텔 c 호스텔 d 캠핑 1 레스토랑 2 상점 3 바 4 수돗물 5 은행 6 의사 7 약국 b 버스 t 기차

en Camino de santiago

● Camino Frances ● Camino Finisterae

산티아고 가는 길에서
유럽을 만나다

지은이 김효선
펴낸이 김언호
펴낸곳 (주)도서출판 한길사

등록 1976년 12월 24일 제74호
주소 413-120 경기도 파주시 광인사길 37
　　www.hangilsa.co.kr
　　http://hangilsa.tistory.com
　　E-mail: hangilsa@hangilsa.co.kr
전화 031-955-2000~3　**팩스** 031-955-2005

부사장 박관순　**총괄이사** 김서영　**관리이사** 곽명호
영업이사 이경호　**경영담당이사** 김관영　**기획위원** 유재화
책임편집 백은숙 김지희　**편집** 안민재 김지연 이지은 김광연 이주영
마케팅 윤민영　**관리** 이중환 김선희 문주상 원선아

디자인 디자인창포
CTP 출력 및 인쇄 예림인쇄　**제본** 한영제책사

초판 제1쇄 2007년 6월 11일
개정판 제1쇄 2015년 2월 5일

값 17,000원
ISBN 978-89-356-6920-2 03980
ISBN 978-89-356-6933-2 (세트)

이 도서의 국립중앙도서관 출판시도서목록(CIP)은 서지정보유통지원시스템 홈페이지(http://seoji.nl.go.kr)와
국가자료공동목록시스템(http://www.nl.go.kr/kolisnet)에서 이용하실 수 있습니다.
(CIP제어번호: CIP2015002178)